[波] 亚瑟·萨维兹基 著
赵 祯 / 袁卿子 / 许湘健 / 张 蜜 / 白锌铜 / 吕淑涵 译

——自然观察探索百科系列丛书——

虫子大百科

四川科学技术出版社

引言

爱因斯坦曾经说过：“当蜜蜂灭绝后，人类将只能存活四年。”虽然这句话已经过去了半个多世纪，但随着时间的推移，这句话变得越来越有价值。昆虫是一个非常庞大且多元化的动物群体。根据统计，地球上人类已知的昆虫种类有上百万种，约占地球上所有已知动物物种的75%。它们栖息在各种各样的环境中，拥有几乎无穷的数量，几乎每一种昆虫的数量都以数百万计算。它们中的一些品种，例如蚂蚁、蜜蜂和黄蜂，社会性生活十分丰富，经常以成百上千只的数量组成一个“家庭”。

蜘蛛与昆虫大小相似，生物特征也很相近，但蜘蛛是常常被人忽视的物种。也正因如此，昆虫和蜘蛛经常被大众混淆。其实想要区分它们非常容易，只需要数一数它们有几对腿：昆虫有3对，蜘蛛有4对。为了便于两者的区分，本书也介绍了4种常见的蜘蛛。

人们在家中、森林中或是花园中遇到这两个物种的“代表”，往往会有截然不同的反应：有些人会被它们光鲜亮丽的外表吸引，有些人则会因为它们的生活方式而感到厌恶和恐惧。无论如何，很难去想象，如果这些物种从地球上消失了，我们的生活会变得如何。我希望，我们可以满怀善意一起走进这个奇妙的虫子世界，认识这些与我们一同居住在地球上的“小居民”们。

亚瑟·萨维兹基

目录

黑蚂蚁[1]

学名： *Lasius fuliginosus*
工蚁体长： 约为4毫米
蚁后体长： 约为6毫米
栖息地： 针叶林和混交林
出没时间： 除冬季外均可见

黑蚂蚁
——树蚁

黑蚂蚁是普通的森林蚂蚁，这种蚂蚁随处可见。工蚁通常体长4毫米，蚁后体长6毫米。黑蚂蚁很容易被辨认，因为它通身漆黑而有光泽，只有腿部区域呈现轻微的黄色。

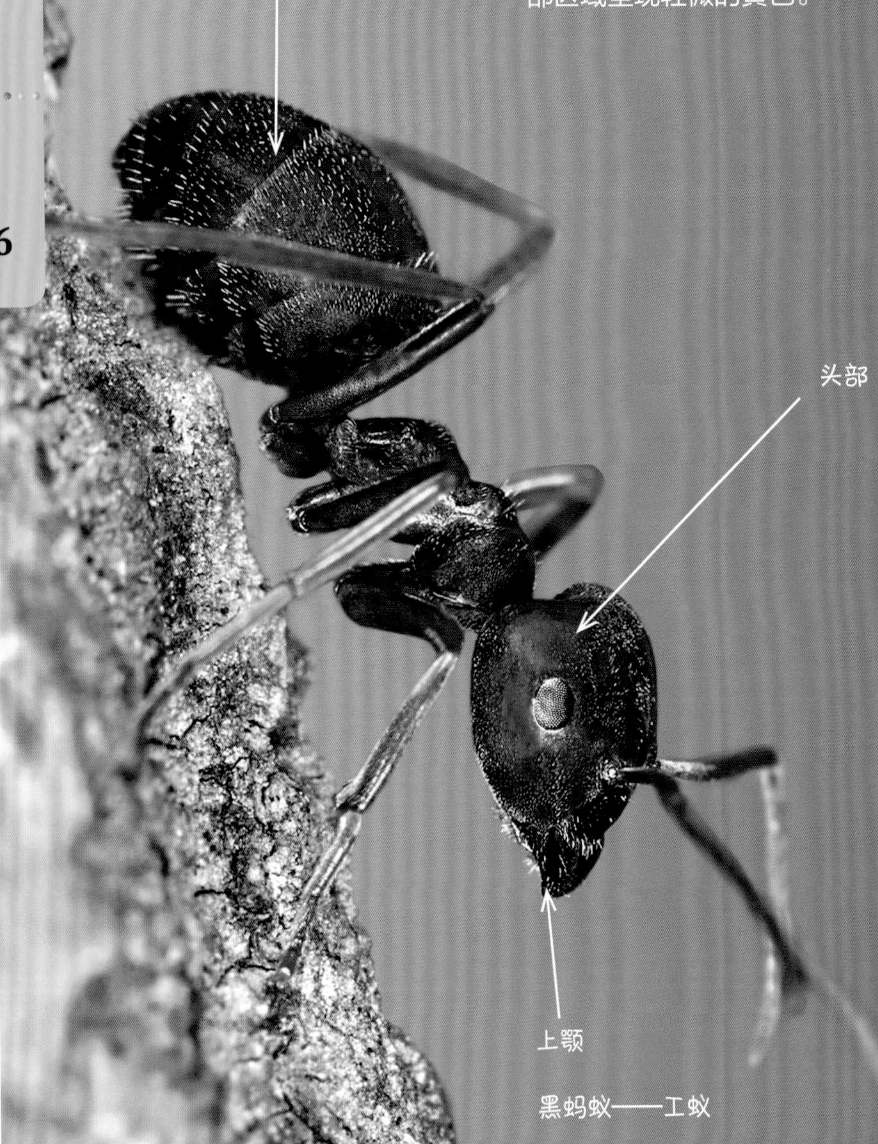

黑蚂蚁——工蚁

栖息地

黑蚂蚁能够创造巨大的巢穴，一个巢穴可容纳200万只蚂蚁。为了养活自己，它们要掌控该区域内所有的树木和灌木的情况。它们主要以蜜露和蚜虫为食物，有时也捕食小型无脊椎动物，其中包括其他种类蚂蚁的后代。同时，它们也食用腐肉。

在被控制的树木中，黑蚂蚁在其地表上方的部分或地表下方的部分构建起沟通的“通道”，这些“通道”是通过昆虫等动物进行信息联络而分泌的一种被称作“信息素”（又称外激素）的化学物质建立起来的。黑蚂蚁是具有领域行为的物种，因此它们会抢夺资源，甚至会为此与那些十分凶猛的沙林蚁对抗。在紧急情况下，它们会从上颚腺分泌出具有威慑力的物质。

① 本书中介绍的昆虫体征特点都属于我们常见品种的，不同地区、种类的同种动物体征会因生存环境的不同而有所变化。

对蚁后的崇拜

在鼎盛时期，蚁穴内的蚁后体型庞大、臃肿，以至于不能在巢穴内走动。蚁后能在一分钟内产下多个蚁卵，产卵后，工蚁蜂拥而上将蚁后包围，导致都看不见它的足部。当蚁后来到巢穴外部时，它的工蚁聚集在一起形成庞大的群体。在其他的蚂蚁种类中，我们看不见这种现象。一旦巢穴内的蚁后消失了几分钟，那么所有的蚂蚁都会焦急地寻找它们的蚁后。一旦找到它，所有的蚂蚁又会再一次地围绕在它身边。

黑蚂蚁占领了
常青藤的花序

临时的巢穴寄生

蚁后用临时寄生的方式建立巢穴。受精的年轻蚁后在产卵后，会在地下建立一个新的巢穴。通常，在进入这个新的巢穴之前，它要杀掉那里的工蚁并摩擦它们，以便获得这个巢穴的气味。然后，它进入了巢穴，很快老蚁后便在地下死去了。杀死老蚁后的是它自己的女儿——工蚁，或者前来寄生的新蚁后。紧接着，它们开始抚育新蚁后诞下的新工蚁们。一段时间后，这里将成为居住着整个黑蚂蚁群体的巢穴。它们将蚁穴建立在老树桩，或者枯萎的树木上。它们的巢穴中有薄壁，可将蚂蚁们分隔开，这些薄壁是由咀嚼过的树木、土壤、树叶或是真菌菌丝组成的。

地下的工蚁

红林蚁

学名： *Formica rufa*
工蚁体长： 6~9毫米
雄性与蚁后体长： 9~11毫米
栖息地： 森林，主要为针叶林
出没时间： 除冬季外均可见

红林蚁
——森林医护人员

带翅膀的红林蚁

红林蚁是最常见也是最知名的蚂蚁品种之一，它们在森林中的社会性极强，并构建了庞大的蚁丘体系。

红林蚁正在攻击象鼻虫——一种危害果树林的甲虫

有益性

红林蚁在森林中发挥着重要的作用。一个蚁穴的工蚁在一天内可以将5万只害虫的幼虫带到巢穴中来。一个蚁穴的蚂蚁最多可以杀死千万只害虫。此外，它们还会处理死去的动物的尸体，仿佛森林中的勤务兵。

新蚁后万岁

在蚁穴中，有三类蚂蚁：没有繁殖能力的工蚁、蚁后和雄性蚂蚁。在蚁丘中，只存在一个蚁后，除了它以外，生活着许多没有翅膀的工蚁。在夏天，从蛹中飞出带有翅膀的雄性蚂蚁和雌性蚂蚁，它们在飞行过程中进行交配。带有翅膀的雄性蚂蚁授精完成后便死去了，而受精的雌性蚂蚁的翅膀会脱落，然后构建自己的家庭，并成为蚁后。蚁后为了获得一个温暖的巢穴，会进入一个体系已经完善的蚁穴，杀死那里原来的蚁后。工蚁们为新蚁后加冕，然后这位蚁后开始产卵，当然，这依赖于工蚁们的照顾。渐渐地，巢穴内将只有新蚁后家庭的红林蚁。

防卫状态下的工蚁

职责分工

工蚁有很明确的分工，而且会随着年龄的增长而变化。蚁丘中年轻的工蚁们负责挖地下走廊，照顾蚁后、蚁卵、蛹，清理废物以及“管理”食物。一个月后，它们便到外面去，开始从事蚁穴食物的收集和扩张。老的工蚁们进一步拓展蚁丘。当蚁丘受到威胁时，工蚁们将聚集在出口的通道边，从腹部和足部之间分泌出蚁酸来对抗入侵者。

被称作蚁丘的小土丘

蚁丘往往坐落在一个安静，而且部分区域阳光充足的地方，这个位置通常在树干边上。蚁丘往往不会超过1米高，但有些可能会有一个成人那么高。蚁丘的地上部分，仿佛一个土丘，但更大的部分是在地下，有时甚至可以达到2米深。蚁丘内部的多个腔室由走廊体系相连。根据天气和季节的变化，蚂蚁们夏天住在蚁丘的地上部分的不同区域内，冬天则住在地下部分。一个蚁丘可以容纳多达10万只蚂蚁。

黄胡蜂

学名： *Vespula vulgaris*
工蜂体长： 12~17毫米
蜂后体长： 约为20毫米
栖息地： 森林、公园和花园
出没时间： 除冬季外均可见

黄胡蜂猎杀苍蝇

黄胡蜂
——有用的侵略者

当夏天结束时，黄胡蜂开始大量地出现。黄胡蜂身上的黑色和黄色非常艳丽，所以它们常常被认作是蜜蜂，甚至是苍蝇。在花园或者是食品店出现的黄胡蜂有时非常烦人，因为它们很难被驱赶。虽然我们常常认为它们很有侵略性，但它们实际上是非常有益的昆虫。

戴着面具，握着剑

仔细观察黄胡蜂，我们能够轻易发现它身上巨大的下颚骨。这个下颚骨的功能非常多，其中最重要的功能之一便是来裁切各种各样的食物——从坚硬的昆虫甲片到小块的肉。此外，黄胡蜂还会用下颚骨刮木材颗粒，使其转变为筑巢的材料。黄胡蜂的第二样武器是它的螫针，这也是它的产卵器。螫针是一把储存有毒液的“剑”，而且可以重复使用，这也是用于区分它和蜜蜂的一种方法。黄胡蜂用两种方式来击败对手：咬和刺。

尖锐的下颚骨

两对膜状的翅膀

黑黄相间的足部

一切从蜂后开始

当第一次霜冻来临时，除了已经受精的蜂后，所有的黄胡蜂都会死去，除了蜂后能度过冬天。它在幽静的地方冬眠，例如洞穴里、树叶下或者阁楼上，以及无人居住的中空地带。当春天蜂后醒来时，会在巢穴内寻找满意的凹槽处隐蔽自己。它先建立一小块平台，在它的工蜂护理员的照料下产卵、孵化，然后蜂后扩展蜂穴并抚养新工蜂。蜂穴由黄胡蜂咀嚼的纸状物质搭建而成，分为多个小隔间，每个小隔间内都是正在成长的幼虫。

黄胡蜂巢穴中的纸状物质小隔间

多变的饮食菜单

成年黄胡蜂食用的东西与幼虫有很大的区别。前者是液态食物的信仰者，爱喝花蜜和蜜露。除此之外，洒在地板上的果汁或是成熟的水果，它们也很感兴趣。

树叶的经脉是幼虫合适的食物

相比之下，幼虫需要补充蛋白质促进其成长，所以黄胡蜂必须捕食其他昆虫——苍蝇、黄蜂或是小蝴蝶。它们也不嫌弃腐肉。秋季，成年的黄胡蜂再次对甜食焕发了兴趣。它们满怀激情地扑在烂熟的水果或是面包店的甜面包上。

蜜蜂

学名： *Apis mellifera*
工蜂体长： 约为15毫米
蜂后体长： 约为25毫米
栖息地： 花园、田野、草地、公园和森林
出没时间： 除冬季外均多见

蜜蜂

——勤奋而有益

蜂类家族中包含很多种蜂，许多都是独居的昆虫物种。只有少数拥有成型的社会结构，但也有些蜂的社会结构非常复杂。最广为人知并被深入研究的便是蜜蜂了。

蜜蜂是社会性昆虫中十分重要的一种蜂类

蜂箱

像蜜蜂一样勤劳

在这个被养蜂人称之为蜂类家庭的群体中，采蜜蜂扮演了十分重要的角色。它们从花卉和植物中收集花蜜和花粉并带回蜂箱，与住在“这个社区”的“居民”们一起平分食物。工蜂们用积累在六角形的蜡制小隔间中的花蜜制作蜂蜜。蜡是由比采蜜蜂还年轻的工蜂分泌的，这些工蜂被称作制蜡蜂。蜜蜂们从那些依赖于昆虫授粉的植物中采集花蜜和花粉。为了满足自身的需求，一个蜜蜂家庭在一年内需要消耗50~90千克的花蜜以及20~30千克的花粉。

花朵的花粉被收集在工蜂的毛发和身体上

从森林到蜂箱

蜜蜂生长的自然环境是森林——原始森林。当人类学会了偷取树木中心空洞处聚集的蜂蜜时，昆虫才开始被驯养。最初人们在空心树木中饲养蜜蜂，但随着时间的推移，人们开始使用更舒适、更方便携带的蜂箱。

蜂后母亲

蜜蜂群体由蜂后，也就是工蜂和雄蜂的母亲主导。每个家庭都建立了多达5万只蜜蜂的社会集群。母亲从虫卵中孵化出幼虫，后来转变为不再运动的蛹。刚从蛹孵化出来的成熟个体称为成虫。

以前，为了避免受到攻击，蜂后是被单独养殖在小笼子里的。目前，为了保全蜜蜂家族的基因，饲养者都将培育出的蜂后放到工蜂中

螯针，一种危险的武器

蜜蜂的生殖器官进化成了螯针。它位于腹部的一端，可以刺伤另一种昆虫或是刺破其他动物的甲壳。当蜜蜂用螯针攻击其他无脊椎动物时，不会对自身造成很大的伤害，但是一旦它用刺攻击哺乳动物的皮肤，则意味着蜜蜂自身的死亡。

黄边胡蜂

学名：*Vespa crabro*
工蜂体长：17~24毫米
蜂后体长：25~35毫米
栖息地：落叶林，尤其是橡木
出没时间：多见于夏、秋两季

黄边胡蜂
——隐蔽的强盗

黄边胡蜂是中欧地区体长最大的蜂类。蜂后体长最大可达35毫米，它的螯针让昆虫和包括人类在内的哺乳动物感到恐惧，但其实黄边胡蜂并不是很危险。

黄黑相间的强盗

由于外形的大小和图案，黄边胡蜂很容易被辨认。它们的整体颜色为黄、红、黑相间，头部以带有黄色图案的上颌骨最为显眼。所有的雌性黄边胡蜂（蜂后与工蜂）都长有螯针，帮助它们自卫和守护家园。黄边胡蜂像其他大部分的蜂类一样，它的螯针没有倒钩，可以多次使用，甚至对哺乳动物使用时也不会像蜜蜂那样会危及自己的生命。黄边胡蜂是具有攻击性的，可捕食其他昆虫，其中就包括蜜蜂。

工作中的蜂后

黄边胡蜂是一种社会性蜂类，能够挺过冬季的只有年轻蜂后。春季，蜂后从隐蔽处出来并在夏初开始筑巢，它常用纸状物搭建巢脾，建成蜂巢。几周后，无繁殖能力的工蜂孵化出来，它们代替蜂后打理整个巢穴——构建清洁、守卫更多的平台以及喂养幼虫。从这一刻开始，蜂后专注于孵化虫卵。

黄边胡蜂的巢穴

蜂后将巢穴建在僻静的地方，比如树洞、鸟巢、空蜂箱中，甚至是地下的洞穴内。巢穴的长宽都可达到半米长。夏末，一个家族的黄边胡蜂数量可达5 000只。

令人害怕的黄边胡蜂

黄边胡蜂的螯刺对于人类和其他蜂类是一样危险的，并且对毒液过敏的人来说威胁更大。黄边胡蜂只在它觉得受到威胁时才会发起攻击，例如，有人破坏了它的巢穴，或者存在令它恼火而陌生的气味（例如止汗剂的气味），或是人类突然的移动（例如抽动手臂）。总体而言，黄边胡蜂比其他的蜂类温和些，也不会因受到刺激而轻易发起攻击。因为体型庞大、外形可怕，蜂后常常会引发人们的恐惧，但其实它很温和并会很快飞走，所以它对于人类而言并非那么可怕。通常，体型巨大的黄边胡蜂都没有螯刺。

欧洲熊蜂

学名： *Bombus terrestris*
工蜂体长： 11~17毫米
蜂后体长： 20~23毫米
栖息地： 开放区域、农田
出没时间： 除冬季外均可见

欧洲熊蜂——蜜蜂的近亲

欧洲熊蜂在草地、田野和花园中随处可见。根据统计，已知的欧洲熊蜂约有250种。

花粉储存器

浓密的“毛发”

长长的口器（一般是隐藏着的）

家庭

欧洲熊蜂属于蜜蜂家族，像蜜蜂一样具有社会性，但较蜜蜂而言这个社会中的成员会少一些。较大的家庭可能有几百只雄蜂。雄蜂中也存在着角色分工，工蜂照顾蜂后和幼虫。熊蜂的体型较大，皮毛厚实，体长可达20毫米。它最大的特点是有着长长的毛，这些毛在它黑色的身体上形成了三道条纹：在身体和腹部上的黄色条纹，以及在腹部末端的白色条纹。

趴在银柳上的熊蜂

小熊蜂依偎在大熊蜂身上，很难被区分开

“寄生虫”

像杜鹃一样，某些熊蜂过着“寄生”的生活。它们自己不建造巢穴，而是接手其他黄蜂的蜂穴。这类熊蜂被称作小熊蜂。

不同凡响的授粉

熊蜂是蜜蜂科中口器最长的蜂类。正因如此，它是专业授粉昆虫中的一员。熊蜂的第二个特点是能够调节自身体温。它通过一系列快速的肌肉收缩来提高自身的体温。

地上的巢穴

与蜜蜂不同，熊蜂在秋季就已经奄奄一息了。只有年轻的已受精的蜂后能够挺过冬天。它将自己埋在几厘米深的土下。春天，它将巢穴建在地上的某一个角落，例如啮齿动物废弃的洞穴里，狭缝中或是石块底下。

只有熊蜂可以为三叶草长长的花来授粉

大树蜂

学名： *Urocerus gigas*
体长： 20~40毫米
栖息地： 针叶林，尤其是云杉林
出没时间： 多见于夏、秋两季

大树蜂
——一种危害云杉的昆虫

大树蜂是细长型的膜翅目昆虫。虽然它是独居类昆虫，但是具有社会性。它的幼虫会破坏树木，在树木中成长。

膜翅目昆虫中的巨人

大树蜂，就像它的名字那样，我们第一眼就能发现它的特点——大。雌性大树蜂的体长甚至超过40毫米。大树蜂的体色主要是黄黑相间，所以乍一看会觉得很像大只的黄胡蜂，虽然它完全没有武器，但这样手无寸铁的动物对其他昆虫而言还是很危险，因为它善于模仿。

云杉的美食家

树蜂主要见于云杉林和针叶树所占比例较大的混交林。成年的树蜂多在每年7月和8月可观察到。尽管它们的数量不少，但是能够见到它们并不容易。

雌性树蜂产卵

斑翅马尾姬蜂是树蜂幼虫的寄生虫。雌性姬蜂为了寻找树蜂幼虫，会破坏树皮和树蜂的产卵孔洞，麻痹树蜂幼虫并在它们体内产卵。姬蜂幼虫会在接下来的5周内寄生于树蜂幼虫体内

菌类食物

树蜂幼虫会在树孔里发育2~3年。产了卵的雌性树蜂使树木感染上真菌孢子，这些孢子长成像走廊一般的矮墙，而这也成了幼虫们的主要食物。幼虫发育结束后，它们会返回到树木表面并在那里经历化蛹期。经过孵化，树蜂成虫用强大的上颚咬破树皮来到外面。

1毫米接着1毫米

雌性树蜂主要在云杉上产卵，很少在其他种类的针叶树上产卵，并且通常选择生病或顶部被削掉的树木。它们在树上1毫米、1毫米地钻出10~20毫米深的孔并在其中产卵。

食蜂郭公虫

学名： *Trichodes apiarius*
体长： 9~16毫米
栖息地： 阳光明媚的草地，树林的边缘，公路和铁路路基的边缘
出没时间： 多见于夏季

食蜂郭公虫
——蜂箱和蜂房的常客

像郭公甲科的其他昆虫一样，食蜂郭公虫最喜爱温暖的太阳，它们在阳光下会显示出五彩斑斓的颜色。食蜂郭公虫的主体呈现具有金属光泽的藏蓝色，翅壳呈红色并带有独特的三条黑带。这使得它能够清楚地与绿色背景和白色或黄色的花朵区别出来，在远处就能被看到。

食蜂郭公虫——花朵上的宝石

例如这个样子……

温暖爱好者

食蜂郭公虫最常在波兰南部出没。它们喜欢温暖，因此很容易在充满阳光的南部地区发现它们。每年当我在别什恰迪（Bieszczady，波兰东南部地区）远足时，都可以看到食蜂郭公虫。如果你在夏天沿着铁道漫步时，可以尝试在盛开的菊花上寻找它们。

灵活

当食蜂郭公虫在伞形科植物开花期飞行时，很容易被发现和辨认出来。它们捕食更小的昆虫，花粉也是它们的食物。一旦觉得受到威胁，它们便会迅速飞走。不过在忙着吃东西时，它们是不会胆小的，如果要飞走也不会飞得太远。这时候也是我们能够来得及摆好相机为它们拍上一张照片的好时机。

养蜂人

我们经常能够在不被注意或已经被遗弃的蜂箱中偶然发现食蜂郭公虫（这也是它们名字的由来）。这种甲虫的受精雌虫在独居野蜂的巢里产卵，有时也在蜜蜂的蜂巢里产卵。幼虫以捕食其他幼虫为生。一只食蜂郭公虫幼虫在发育阶段会吃掉5~10只其他幼虫和蜂蛹，甚至是成年昆虫。出于这个原因，养蜂人早些年把它们视为害虫。事实证明这种观点是错误的，因为成为它们食物的主要是柔弱和带病的昆虫。食蜂郭公虫幼虫创造了一种有趣的办法，以防止在发育期间被所寄宿的成年蜜蜂蛰伤，就是它们会分泌出类似于蜜蜂幼虫的味道。我们解开了这些主人公名字的秘密：它们在养蜂场（蜂箱）中，在没有获得蜜蜂许可的情况下，与蜜蜂们共存着。

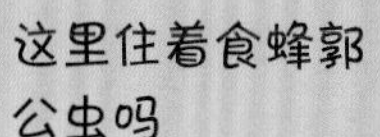

这里住着食蜂郭公虫吗

七星瓢虫

学名： *Coccinella septempunctata*
体长： 5~8毫米
栖息地： 田野、草丛、城市公园、果园和花园
出没时间： 多见于夏季

瓢虫

——小小的贪吃者

在世界各地生活着至少5 000种瓢虫。今天我们主要介绍的是目瓢虫（*eyed ladybird*）——这种瓢虫体长达到将近10毫米。瓢虫是一种昆虫，每个看到它的人都会微笑。多年来，有一首属于瓢虫的诗歌脍炙人口，其中有一句是：“瓢虫飞到天上去，给我带来一片面包。”也许这就是瓢虫不吃馒头的原因吧？

救命的金黄液滴

有时，具有威慑力的颜色并不足以保护瓢虫。所以它们会用一种额外的办法进行自救——分泌金黄液滴。每个试图把它抓在手上的人都能够清楚地看到这样的液滴。这些黄色的液滴其实是它的“血”，也可以说是瓢虫的血淋巴，这些液滴从瓢虫的足部连接处分泌出来，带有臭味。这些液滴不会伤害瓢虫，反而能够帮助它们。

无处不在

七星瓢虫几乎无处不在，并在所有昆虫中是最容易识别的。它的前胸背板呈黑色，翅壳呈红色并带有七个黑色斑点。它的对比色是用来警告小鸟：你不要尝试吃我，因为我会毒死你的。雄性瓢虫和雌性瓢虫在外观上几乎没有区别。

幼年瓢虫

小小的贪吃者

一只雌性瓢虫能够产出700多个卵，它们通常产在树叶的下侧。幼虫的发育期大概持续一个月，在瓢虫幼虫缺少食物时，蚜虫、蚧壳虫和螨虫就会成为它们的主要食物。在幼虫发育阶段，瓢虫幼虫能够吃掉500~1 000只蚜虫！这非常有用！因此，我们通常把瓢虫归类为益虫。

幼虫在享用蚜虫

星星的出生

结束生长的幼虫开始化蛹。它的腹部的一端连接至叶子的下面、树枝或其他能变为黄黑虫茧的地方。如果它的颜色不足以阻止掠食者捕食，蛹可以摇晃至一边。一星期后，从蛹里爬出来的就是成年的昆虫了,但它还并不是我们所认识的瓢虫的样子。最初，它是金黄色的，然后变为橙色，到了第二年它才会变成鲜艳的红色。瓢虫在昆虫中属于长寿的，因为它能够存活大约14个月。

麻烦的移民者

瓢虫是园丁最大的盟友之一，因此，人们把它们引进到那些它们不曾出现的土地上。曾经最常引进瓢虫的是美国。瓢虫的引进，尤其是亚洲种类瓢虫的引进，使得多场生态危机结束了。

它们总是迅速集合

迅速集合

在晚秋时节，瓢虫们聚集成群，以提高它们的生存概率。猎食者会躲避这样一大片鲜艳的颜色，这个群体也会远远地散发出不友好的气味作为警示：“我们有毒，并且不好吃。”瓢虫们会寻找草垛的隐蔽处，躲到树皮突起的下面，躲到浅坑，甚至是一些建筑物里。

艳大步甲

学名： *Carabus auronitens*
体长： 18~28毫米
栖息地： 阔叶林和混交林，少数生活在公园和花园
出没时间： 多见于夏、秋两季

艳大步甲的体貌特征

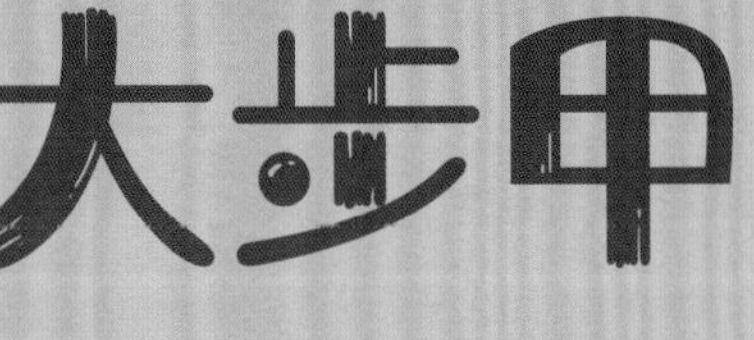

艳大步甲
——太阳中的巡逻队

大部分步甲科甲虫体长为5~40毫米，其中最大的是皮革大步甲（学名：*Carabus coriaceus*）。这些甲虫大多数是在夜间活动、捕食。不过，也有在白天活动的，例如艳大步甲。与它非常相似的金黄大步甲（学名：*Carabus auratus*）却只在夜间活动，这对于刚入门的昆虫学家是非常有价值的、能够辨别不同物种的线索。

凹凸不平的表面

长足

艳大步甲美丽的外表

强大的下颌骨

在阳光下闪耀

艳大步甲是体长为18~28毫米的捕食性甲虫。其外壳的颜色非常多变——由红色到黄绿色，有时还会有闪耀的蓝色——这取决于环境中的亮度和湿度。艳大步甲和金黄大步甲的两个区别：一是后壳，艳大步甲缺少后壳边缘的颈脖；二是前胸背板，艳大步甲的前胸背板较窄。

忙碌的日子

艳大步甲出现在春天第一个暖和的晴天。雌虫已产好了卵，再过几天就要孵化成幼虫。艳大步甲在接下来几天都十分活跃。大多数情况下，当我们在森林最低的灌木丛中探寻或是躺在树桩旁的树叶上休息时，很有可能会看到它们。当它们捕获到第一个猎物时会先分泌消化酶，然后再吮吸着吞下。

掠食的一生

艳大步甲成虫和幼虫都具有掠食性，幼虫非常活跃，甚至比成虫更具有掠食性。它们能够捕食其他动物，如蜗牛和蚯蚓。艳大步甲一天要吃掉和自己差不多重的食物，还可以捕食比自己大两倍的猎物。它们可以通过喷涂臭的分泌物保护自己免受天敌的袭击。艳大步甲大多活跃于夜间，而白天躲在土壤中、石块下或腐烂的木头、原木和树桩下。

高度的特例

大多数步甲科的甲虫是不能飞的，所以只能在地面上看到它们。然而艳大步甲能够爬树，它甚至能爬到6米的高度！

艳大步甲会爬树

欧洲鳃角金龟

学名： *Melolontha melolontha*
体长： 25~35毫米
栖息地： 森林、灌木丛、林地
出没时间： 多见于夏、秋两季

欧洲鳃角金龟
——夜间飞行员

这种甲虫容易在阔叶林中被发现。它经常在5月出没，在6月和7月也能够看到它。甲虫，像蛾子一样，能够在几年的时间里大量繁殖，这种现象称为渐变。

夜间的空袭

幼虫发育期约为3年，然后在夏末化蛹。甲虫在土壤中蛹的摇篮里越冬。春天，它们几乎都在同一时间出现，并在黄昏蜂拥而出。它们会花费一天的时间，在各种阔叶树间游荡。从这以后的几天时间里，它们都昏昏欲睡，不太愿意活动。直到温暖日子来临的夜晚，它们才会重获活力。甲虫们聚成一群飞舞着，发出类似于飞机轰炸的嗡嗡声。它们聚集在落叶乔木的公园、花园和阔叶林旁，以各种树木的树叶为食，例如橡木、桦木、榉木、鹅耳枥和枫树。享受过这场盛宴后，它们来到树顶，准备进行交配和产卵。

准备起飞的甲虫

土地上的几年

雌性甲虫在肥沃的土地上挖出一个深为10~40厘米的坑，并且产下10~30个蛋，然后继续寻找食物。幼虫在一个月后孵化，并且在出生的第一年会成群结队地生活，它们食用腐殖土和柔软的树根，主要还是以草为食。几年后，它们的食物变成了壮硕的灌木树根和几乎所有种类的幼年小树。

幼虫又名蛴螬

甲虫的幼虫称为蛴螬。它们体积有拇指般大小，形状像大拇指弯成的字母“C”，呈较脏的花白色，棕色的头部连接着有力的下颌。每个蛴螬有三对发达的足，这使得它能够在土壤中移动。在植物生长期，它们生活在土里，主要以鲜活的植物根部为食，在冬天来临前，它们把自己埋得更深以防止被冻住。

甲虫的幼虫有许多天敌，如鼹鼠、鼩、野獾、一些鸟类（乌鸦、八哥）和掠食性昆虫的幼虫。成年甲虫也是鸟类的美味佳肴。我不止一次看到家禽们捕食甲虫：母鸡用喙撕扯它们，而鸭子和鹅则将其整个吞下去。

蛴螬被认为会对花园里植物的生长造成威胁

很多鸟类捕食甲虫，比如画眉

欧洲深山锹甲

学名：*Lucanus cervus*
体长：40~60毫米
栖息地：阔叶林，主要栖息于橡树林中
出没时间：多见于夏季

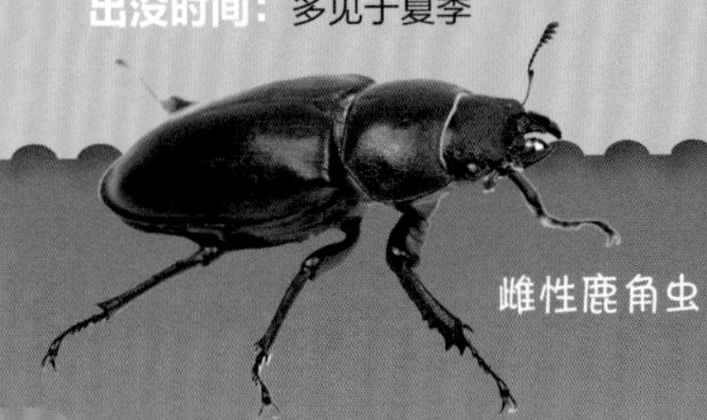

雌性鹿角虫

欧洲深山锹甲
——长着鹿角的昆虫

锹甲（鹿角虫）是中欧地区最大的昆虫之一。雄性锹甲令人印象深刻的是那个被称作“角”的上颚，这个“角”甚至可以长到6厘米。雄性锹甲长着让人联想到鹿角的强壮上颚——这就是这种昆虫学名的由来。它们的上颚只适合于战斗，所以雄性锹甲需要帮助那些只有正常大小上颚的以及正在哺育幼虫的雌性。

宽大的前胸背板

雄性的上颚

锹甲食用植物的汁液，但是雄性锹甲不能切割植物的表皮

以锹甲为主题的形象经常在文学作品中使用，也是童话和儿童文学的一个重要形象，有时它们会扮演昆虫王国的国王或骑士。此外，波兰国家银行于1997年发行了面值20兹罗提的银币收藏品，它的上面就印有锹甲的形象。

腐食性动物——吃腐烂树根的昆虫

锹甲生活在繁茂的阔叶林、果园和公园中。大多数情况下，我们都可以在橡树林中发现它。死亡或濒临死亡的树木是它们出现的地方，因为雌性锹甲会在这里产卵。成虫在6月出现，它们主要的食物是树木表皮渗出的液体。锹甲幼虫很像蛴螬，生活在朽木或地面上，以动物残骸为食，其中包括腐烂的东西。它的发育十分缓慢，要持续3~6年。年纪较大的幼虫可以咀嚼植物根部，但不会对植物造成太大的伤害。

锹甲，当它们发育完全，长出薄膜一般的翅膀时，就能像大多数的甲虫一样飞行了

美丽的、稀少的、受到保护的昆虫

锹甲在很多地区都是罕见的昆虫。由于砍伐老树木和滥用化学物质，有一个时期，锹甲几乎区域性灭绝了。经过20多年的生态环境治理（比如在森林中保留死树），使得锹甲的数量得以回升。该物种长期以来受到严格的保护。目前，对锹甲威胁最大的捕食者是鸟类和小型哺乳动物。

为了雌性的激战

通常大小相近的一对锹甲会进行交配。精心配对的锹甲会在一起待上一段时间，雄性锹甲会把雌性锹甲放在它们用上颚和足做成的“笼子”里看管、照顾。雄性锹甲主要用自己雄伟的上颚与对手进行战斗。当两只雄性锹甲碰面时，会通过眼神观察对方，从不同方向摇摆，而当战斗开始时，它们使用上颚作为武器相互攻击，一场特别的摔跤便开始了。它们试图举起对手并甩出去，锹甲常在高高的树顶打斗，但有时也会发生这样的事情：它们抱成一团从树上摔落到地上，但打斗却不会停止。在战斗结束后，到底有多少赢得胜利的雄性锹甲会再回到树顶寻找自己的伴侣，就不得而知了。

激战即将结束

云杉八齿小蠹

学名： *Lps typographus*
体长： 4~5毫米
栖息地： 针叶林，主要为云杉树
出没时间： 多见于夏、秋两季

云杉八齿小蠹
——护林员的噩梦

云杉八齿小蠹是最为人熟知的森林害虫之一。它的幼虫和成虫都以木头为食。事实上，它对许多树木都能造成损害，其中受害最严重的就是云杉。这是一种很小的甲虫，体长不超过5毫米，呈黑棕色。

陷阱和诱惑

云杉八齿小蠹是对经济林危害最大的昆虫。它们大量地栖息在柔弱的病树上。林业人员在森林里使用不同的“陷阱”清除这种害虫，最常见的是用被砍伐的移栽树木吸引它们聚集进而除掉它们，除此之外，它们也会使用信息素（动植物体内产生的用于相互之间沟通的化学分子）作为陷阱。

贪婪的云杉爱好者

云杉八齿小蠹主要对云杉造成危害，它们喜欢选择居住在那些衰弱的老树，或被削掉一部分或是被风、雪压倒了的树上。幼虫会在植物表皮组织层中搜寻食物——树木外层的鲜活部分。被小蠹“攻击”的树木一开始会用树脂填满被啃食的洞，但之后针叶树木变黄，接着树皮脱落，但通常这些害虫都会由啄木鸟清理掉。

弯曲的迷宫

雄性会在树皮上啃出一个繁殖用的小室，并制造一个几乎看不见的洞口，但这个洞口外的赭红色木屑出卖了它。一个繁殖小室可容纳4只雌性，在交配后，这些雌性小蠹会啃出一条母系道路，这条路一直延伸至树干。每一只雌性会挖大约15厘米长的隧道并在里面产卵。从卵中孵化的幼虫会挖一条与母系道路垂直的幼虫路。在道路尽头的化蛹摇篮里，幼虫们进行化蛹，而成虫死亡或定居在新的树木，并接着一代一代地繁衍。当年轻的甲虫从蛹里出来，它们便在化蛹摇篮周围开始捕食。

年轻甲虫的觅食区域像鹿角或埃及象形文字的形状

云杉八齿小蠹的觅食区域，在幼虫路的尾端可以看到在化蛹摇篮里的虫蛹

云杉八齿小蠹一般有3年的寿命。如果条件合适，它们可以在1年内孕育3代，每一代的发育期大约为2个月。因此，它们的繁殖能力惊人。如果甲虫们产下了1.5代，那么需要越冬的就不仅仅是成虫，还会有幼虫和虫蛹，但通常只有成虫能成功越冬。它们大多数藏在土地的觅食区域里，只有一部分会在树干上、洞穴中和腐叶下过冬。

光背锯角叶甲

学名： *Clytra laeviuscula*
体长： 7~11毫米
栖息地： 阔叶林边缘、灌木丛
出没时间： 多见于夏、秋两季

光背锯角叶甲
——蚁穴的不速之客

双斑萤叶甲和光背锯角叶甲都是色彩艳丽的甲虫。它们的橙色外壳上带着黑斑，而两对翅膀既不靠近外壳的边缘，也不靠近翅膀的缝隙，但有时会合并到中间。

双斑萤叶甲

大黑斑点

光背锯角叶甲

人生策略

成年双斑萤叶甲以桦树、桤木和杨树的叶子为食，而光背锯角叶甲主要食用柳树叶，也会食用橡树、榛子和山楂。虽然叶甲科有不同的饮食偏好，但它们的目标是一致的：延续后代，保证把幼虫送到蚁穴里。雌性双斑萤叶甲在树枝上的排泄物上、蚁穴中或直接在土地上产卵。光背锯角叶甲将卵包裹在粪便中，滚成一个直径约为2毫米的球，并把它扔到附近的蚁穴中。

搭顺风车旅行

叶甲的发育期持续2~4年。叶甲幼虫以蚂蚁卵和幼虫为食，最主要受害者是红蚁。双斑萤叶甲不会离开太远去觅食，而是静静等待跑到它一旁的蚂蚁，随后抓住蚂蚁的后腿，这样到蚁穴的路就变得简单了不少。包裹着光背锯角叶甲卵的粪球经常到达蚁穴却不会引起蚂蚁们的异常反应，因为蚂蚁把它当作建筑材料了。

红蚁甚至给了叶甲幼虫接近蚁穴的机会

蓝丽天牛

学名： *Rosalia alpina*
体长： 30~40毫米
栖息地： 山毛榉森林、高龄树木
出没时间： 多见于夏、秋两季

蓝丽天牛
——受到威胁的美丽甲虫

对于观察家来说，发现这种甲虫不同寻常的美丽是一种特别的人生经历。这种昆虫过着神秘的生活，一天大部分的时间都停留在山毛榉树干上一动不动。它们的色彩是一种完美的伪装，甚至对于经验丰富的观察者来说也是一种挑战。它们趴在树皮上，试图与那些覆盖着地衣的树皮融为一体，一旦被发现，就会快速逃到隐蔽的角落或是直接飞走。它们长着斑纹的，比身体还长的触角也增添了它的美貌。

天牛的出现使木堆感到荣幸

羞涩的美丽——蓝丽天牛

来自山毛榉的高山居民

蓝丽天牛主要生活在中欧和南欧地区，最常见的地区是有一定年龄的山毛榉树林。它们的营养来源和山毛榉息息相关。这种外形完美的昆虫大多出现在每年的七八月份。它们在白天比较活跃，特别是在天气晴朗的时候，这时我们就能够在原木、木堆和山毛榉木桩上观察到它们。

需要保护的物种

蓝丽天牛在波兰较为稀有，并受到法律的保护。它们令人惊艳的美貌使其成为收藏家们争相收藏的对象。森林里的一些保护措施，比如林中瞭望塔，都是为了保护这类甲虫免遭捕捉。早年间，护林人就为它们建立了自然保护区或是在特定区域种植树木，同时也会保存那些树枝已经枯萎的老树，从而保持它们的群体总量。

年轻的甲虫从木头中探出身来

雌性天牛在树皮裂缝或是山毛榉木上产卵。幼虫会在木头中生活2~4年，孵化为成年甲虫后，它们会在木头外部啃咬出大量椭圆形的洞口。在晴朗的夏日，可以在那些将要被处理掉的木头上看到几只甚至几十只灵活奔跑的小家伙们。

庭园发丽金龟

学名： *Phyllopertha horticola*
体长： 10~12毫米
栖息地： 公园、阔叶林和花园
出没时间： 多见于夏季

庭园发丽金龟也吃花瓣

庭园发丽金龟——无处不在，无时不见

毫无疑问，庭园发丽金龟是常见的一种甲虫。我们在任何地方都能看到它们——森林里、花园里和城市广场上。它的名字已经说明了它们以什么为食。它们喜欢待在花园和果园里，因为在这些地方它们有大量的树叶可以食用。这也导致它们并不招人喜爱，特别是园丁和园地承租人。

多毛的铁锈色外壳

吧唧吧唧……庭园发丽金龟正在舒服的环境中觅食

头部

发着绿色金属光泽的前胸背板

小甲虫——小金龟

成年甲虫最常出现于每年的6月下旬到8月中旬。它们在白天和夜晚均会活动。庭园发丽金龟与大栗鳃角金龟十分相像，区别在于前者小很多。身体上拥有浓密的绒毛，甚至可以用肉眼看到直挺的毛发。

几乎像缩小版的金龟

小小身体的大胃王

我们经常可以从橡树、柳树和大齿杨上发现寻找食物的庭园发丽金龟，而在城市里（可以在树木上、灌木丛和野玫瑰上）也可以发现它们，这些地方的树叶和花瓣是它们的美味佳肴。和其他昆虫不同的是，它们啃食树叶不是从边缘开始，而是直接从叶子中部开始啃食。一段时期后，雌性金龟在地面15厘米深的地方产下3~5堆、约25个卵。幼虫食用三叶草、谷物、树木和灌木的根。如果它们数量很多，就会破坏种子和秧苗。金龟在地面上发育2~3年，当它们从蛹中孵化出来后就长成了成年甲虫。

我们也可以从花朵上发现它们

正在交配的庭院发丽金龟

油芫菁

学名： *Meloe proscarabaeus*
体长： 11~35毫米
栖息地： 草丛、林地、较干燥的森林和灌木丛边
出没时间： 多见于春、夏两季

油芫菁——令人吃惊的毒性

芫菁科昆虫的种类至少有2 000多种，我们主要介绍油芫菁。它们通常呈现为紫色，但也会有藏青色到黑色的渐变。

油芫菁有尖锐程度刚好合适的颌

芫菁斑蝥素——有毒的生物碱

一定不要触碰油芫菁的触手！因为它的“血液”含有一种毒性物质——芫菁斑蝥素。当它们感到有别的生物带来的威胁时，就会从触手的关节处释放出黄色的油状液体。芫菁咬合结构较好，在我们的手指上咬一下，会带来强烈的疼痛感，另外，它们会从嘴里排出一种棕色的难闻的液体。相信这些理由足够让我们远离它们了。

混乱和困难

雌性油芫菁一次可以产下几千个卵，但是这些卵形成的幼虫存活的概率很小。活跃的幼虫潜伏在花朵中，等待飞来的蜜蜂。蜜蜂飞来时，它们缠住蜜蜂的四肢，然后跟随蜜蜂来到蜂巢里。在蜂巢里，幼虫进行第一次蜕变，在吞食掉蜂巢主人的卵后，幼虫还会吃掉巢穴里的灰尘和花蜜。

不是对所有生物都有剧毒

许多生物对芫菁斑蝥素的毒液具有抗体，它们可以毫无影响地吃下芫菁，比如刺猬、老鼠、蜘蛛。对于人类来说，0.02~0.03克的芫菁斑蝥素足以致命。虽然一只油芫菁体内的芫菁斑蝥素含量没有这么多，但也能够引起局部剧烈的灼伤。

长着翅膀的步行者

春天很容易看到油芫菁，它们行走在森林的小路或空地上，几乎从不停留。细长的肢脚对它们漫长的旅途很有帮助，就好像是对它们脆弱的翅膀的一种弥补。它们的第二对翅膀退化到几乎不存在了，所以根本不能帮助飞行。

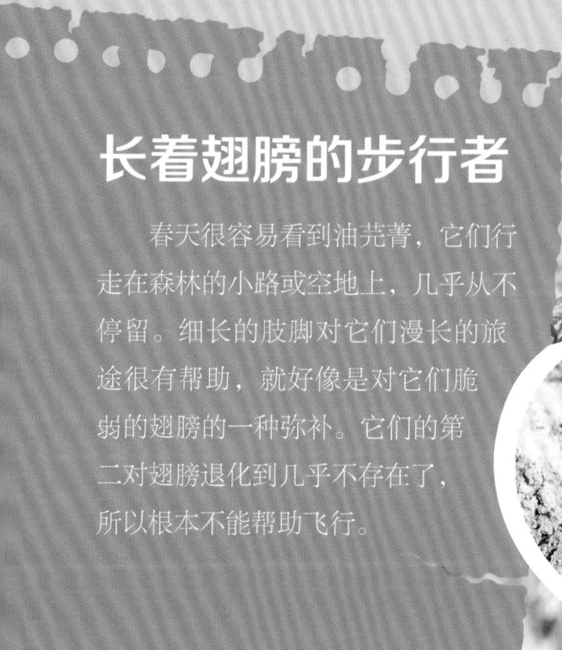

芫菁

臭斑金龟

学名： *Osmoderma eremita*

体长： 22~39毫米

栖息地： 路边的绿化区、田间的绿地、公园、自然生长的老树

出没时间： 多见于夏季

臭斑金龟
——散发气味的隐士

这种甲虫名字的由来很有意思。在希腊语和拉丁语里，“*eremita*”的意思是“隐士”。

没有什么比待在洞里舒服

想要找到这类甲虫，首先要找到有很大树洞的活树，虽然我们通常会在橡树上找到它们，但它不仅仅生活在橡树里。树洞不是其幼虫唯一的生长之地，它们以被菌类分解的木头为食，也生长在成年昆虫的洞穴里。它们属于原始森林的昆虫。现在已经很难找到这样的原始森林了，这类甲虫变得越来越少，在整个亚欧大陆都是如此。为了增加它们的数量，现在人们故意留下越来越多的带有树洞的死树，同样也为它们修建专门的洞穴。

在朽木里难以进食

雌性臭斑金龟在朽木里产下30个卵，这些卵很快变成发白的幼虫。它们的生长过程将近4年，原因是它们在朽木里进食的营养成分很低，在化蛹之前这些幼虫可以生长到10厘米的长度！不管是存活的还是死去的树干里都有十分充足的氮气，而在幼虫的体内有能够利用氮气并与之共存的细菌。

长大的臭斑金龟幼虫

臭得像……臭斑金龟

在夏季，臭斑金龟会离开树洞，飞到花丛中或者成熟的水果上进食。它们对这样的飞行并不是很情愿，所以这仅仅是为了给自己的后代寻找生存的空间。飞行的臭斑金龟发出清晰的呼呼声。和幼虫时代一样，臭斑金龟的大部分时间生活在母亲的洞穴里。在天气晴朗的日子里，雄性臭斑金龟会爬到离树洞较近的树干边，释放出十分浓烈的味道，这种味道甚至人类都能闻到。这也就是为什么我们称其为“臭斑金龟”。

雄性臭斑金龟通过散出气味吸引雌性

龙虱

学名： *Dytiscus marginalis*
体长： 27~40毫米
栖息地： 大一点的水坑、池塘、较小的湖泊
出现时间： 多见于春、夏两季

龙虱——游泳健将，甲壳上有金边

龙虱
——无所不能的昆虫

龙虱是一种生活在水里的昆虫。它们在水里生活繁衍，但也擅长飞行。夜晚的时候，我们可以在城市的路灯下看到它们，亮光对龙虱的吸引力就像亮光对飞蛾一样。

龙虱的幼虫

在其腹部的尾端有附件，可以帮助其呼吸

生活在两个，甚至三个环境中的甲虫

龙虱群体生活在有水的地方，甚至是在不算大的水坑里都能找到它们。这类甲虫和其幼虫需要吸入大气中的氧气，所以它们必须每隔一段时间就游到水面来，以便补充氧气。它们擅长游泳，所以常常会改变它们生活过的地方。因此我们既可以在水里看到龙虱，也可以在陆地上看到龙虱。

明显的性别差异

龙虱在外观上具有很明显的性别差异，也就是说雌性龙虱在外观上与雄性龙虱差别很大。雌性龙虱翅膀的甲壳上有更密集的沟纹，它们的身体也更加扁平。雄性龙虱脚上的腕趾和雌性龙虱甲壳上的沟纹有助于它们的交尾，而这一活动通常在水里进行。要是雌性龙虱的甲壳是光滑而有弧度的，那么雄性就会从它的背上滑下去。

雌性龙虱

蜕变

在蜕变之前，幼虫的行动将变得迟缓，并停止猎食。它们爬到陆地上，选择潮湿的土地或沼泽。两周后，土地中会出现刚刚成形的年轻甲虫。一般情况下，成熟的龙虱会在水里过冬。

水里的重负

成熟的龙虱幼虫长度可达7厘米，可以说是水里的重量级昆虫生物了。它们的头上有大大的眼睛和硕大的下颚。以各种水生生物为食，从甲壳纲动物到体型不大的鱼。龙虱幼虫的下颚上有一个管道，通过这个管道，它可将体内的毒液和消化液体注入猎物身上，而这些液体可以使猎物的身体腐烂，以便幼虫可以慢慢地吮吸它们。在极端的情况下，它们甚至会吃自己的同类。

蚁形郭公虫

学名：*Thanasimus formicarius*
体长：7~10毫米
栖息地：针叶林，主要栖息于松树林
出没时间：多见于春、夏两季

蚁形郭公虫
——木蛀虫的征服者

蚁形郭公虫不是特别大，但是因为它黑红的颜色，我们还是很容易注意到它们。特别是在黑色的身体部分还有白色波浪状的条纹。

在春天最容易看到蚁形郭公虫，因为这时候的木蛀虫最多

木蛀虫的捕食者

蚁形郭公虫的主要聚集地是在针叶林地区。它们是木蛀虫的天敌，通常会出现在有大量木蛀虫的地方。一只成年的蚁形郭公虫可以在一天内吞食5只成年木蛀虫。它们可以快速进攻木蛀虫，抓住它们的肢脚，把它们翻个底朝天，然后用强劲的下颚咬住它们最脆弱的地方。

不远处有苹果落地……

雌性蚁形郭公虫一次可以产下20~30个卵。一般情况下，产卵地点为树皮裂缝或其他缝隙地带。幼虫一般捕食的是木蛀虫的幼虫，除了木蛀虫之外，它们还会攻击其他甲虫的幼虫。

外激素——双刃武器

木蛀虫的外激素不仅可以吸引异性，还可以吸引它们的天敌。根据引诱木蛀虫的外激素可以判断蚁形郭公虫的数量，同时还可以起到隐身的作用。

快速而灵敏

蚁形郭公虫几乎一直在运动。在遇到危险时，它们会躲藏在树干上突出的树皮下面。此外，它们还擅长模仿，遇到危险时，它们会躲在蚂蚁群里。不得不承认，蚁形郭公虫第一眼看上去与这些蚂蚁是十分相似的。正如我们所知，蚂蚁可以躲避大多数捕食者，因为它们有强劲的下颚和具备腐蚀性的蚁酸。

第一眼看上去，蚁形郭公虫像红蚁

松蓝吉丁

学名： *Phaenops cyanea*
体长： 8~12毫米
栖息地： 松木架，最常在农田的单一栽培里
出没时间： 多见于夏季

松蓝吉丁
——森林火灾后的吉丁

松蓝吉丁的名字是根据它的生物习性和外观来的——它们生长在树皮下（一般是松树），它们的甲壳光滑而扁平，隐约之间发着蓝光。

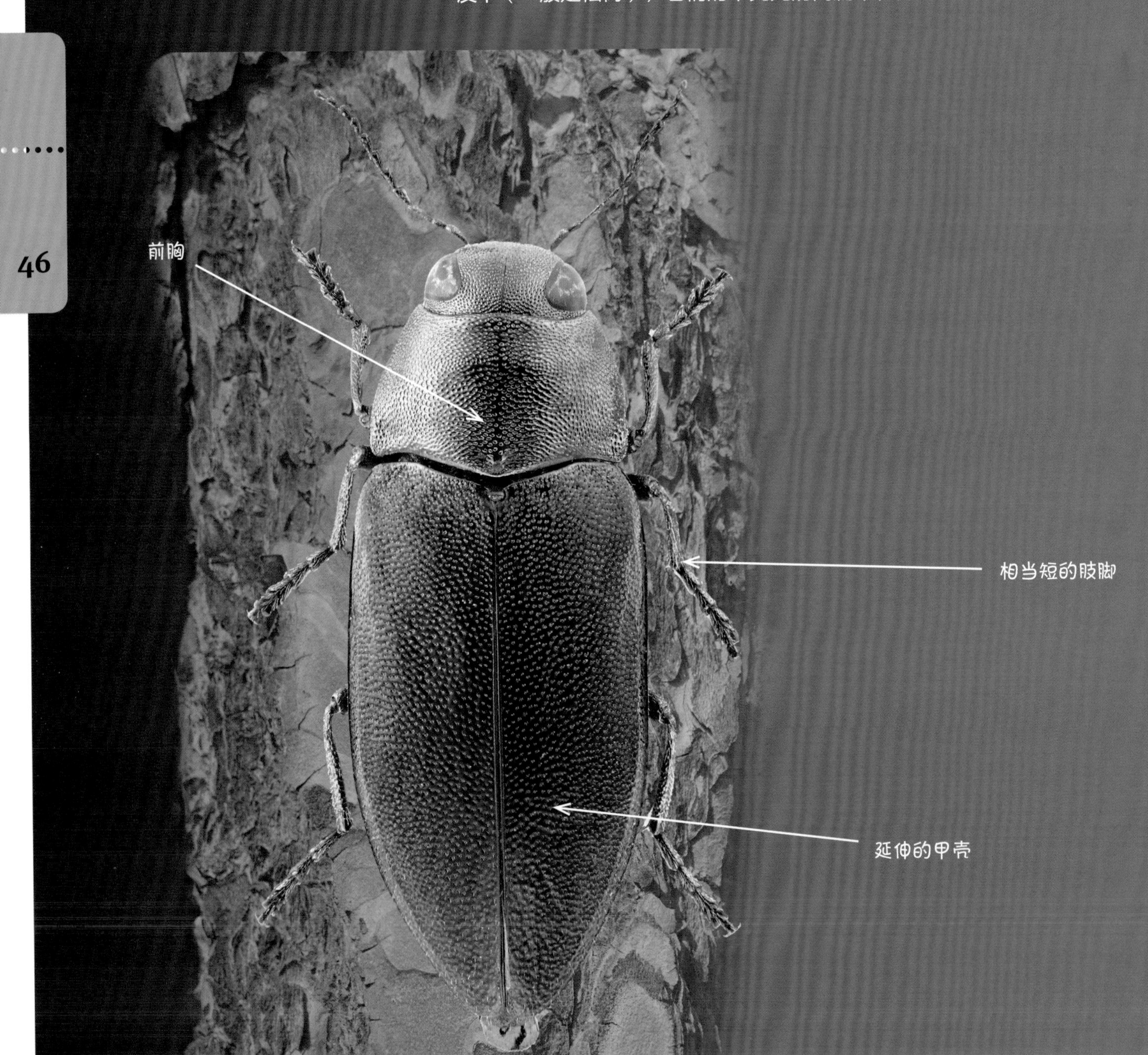

松树里的杂食动物

松蓝吉丁主要生活在有许多松树的低地针叶林里。在无风而晴朗的天气里，成年的雄性松蓝吉丁很乐意展翅飞翔，而雌性松蓝吉丁则在松树裂开的树皮下独自产卵。

乌云一般的浪潮

产卵几天之后，幼虫便生长出来，这会使叶柄颤抖起来。我们可以看到许多落下的木屑，形成了十分特别的如云一般的浪潮。树木保护着幼虫，给它们提供营养，所以几乎不会发生幼虫被大规模袭击的情况。成年的松蓝吉丁只能生存1个月左右，而幼虫的生长期却有1年，如果条件不好，这个时间会延长到2年。

松蓝吉丁幼虫遇到紧急情况时的典型画面

啄木鸟啄树……

松蓝吉丁主要居住在松树的下半部分。当树皮因为啄木鸟的啃食而脱落时，它们就会变得非常着急。但是这种情况经常会出现——那些树皮完全被啃掉的树还有绿色的树冠，在这样的树上啄木鸟也能够找到数量不多的松蓝吉丁幼虫。

比雷达更精准

松蓝吉丁最喜欢居住在单独生长的松树里，特别是那些被火烧过的松树。它们靠腹部下方的感觉器官找到被火烧过的地方，即使在几公里之外也能感受到。另外，松蓝吉丁的大眼睛具有光化学的功能，能够帮助它们选择被烧伤的树木。

松蓝吉丁靠感觉器官找到栖息的树木

犀角金龟

学名： *Oryctes nasicornis*
长度： 20~47毫米
栖息地： 光照强的树林，主要是山毛榉和橡树林
出没时间： 多见于夏季

犀角金龟
——昆虫里的大型起重机

犀角金龟是体型较大的一种甲虫。雄性的头上有一个突出的角，雌性头上是没有的。也多亏了这个，我们可以轻易地分辨出这类甲虫的性别。雄性金龟在求偶或者争夺领地时会用它们的角决斗。

笨拙的大力士

犀角金龟是十分有力的昆虫，它们可以抬起比自身重300~500倍的物体。要是它们不小心翻了个底朝天，光滑的脊背躺在地上，则无法翻身。那个时候的它们一筹莫展，甚至可能成为比它们小的捕食者的腹中之物。

这一对犀角金龟，雄性金龟外形像犀牛

森林和锯木厂里的居住者

犀角金龟居住在森林草原以及光照强的树林里，主要是橡树林和山毛榉林，除此之外也居住在比较大的城市公园里。我们并不能轻易地找到它们，因为这种昆虫多在夜间活动。它们最常出现的地方是大型锯木厂。由于杀虫剂和化肥的大规模使用，它们的数量开始大规模地减少。在温暖的夜晚，这些甲虫常常飞行并集中到光源处，例如路灯处。有时它们会从打开的窗户飞进人们的家里。

创纪录的幼虫

雌性犀角金龟在快要腐朽的高龄树的树干里、死去的树根里或者有木屑的地上产卵，因为这些地方的温度适合幼虫的生长。幼虫的生长期为3~5年，犀角金龟成熟的幼虫是欧洲所有甲虫里体型最大的：长达12厘米！它们在鸡蛋大小和形状的卵中化蛹，“蛋壳”由木屑包裹而成。年幼的甲虫在这里冬眠，直到晚春时节再从里面出来。

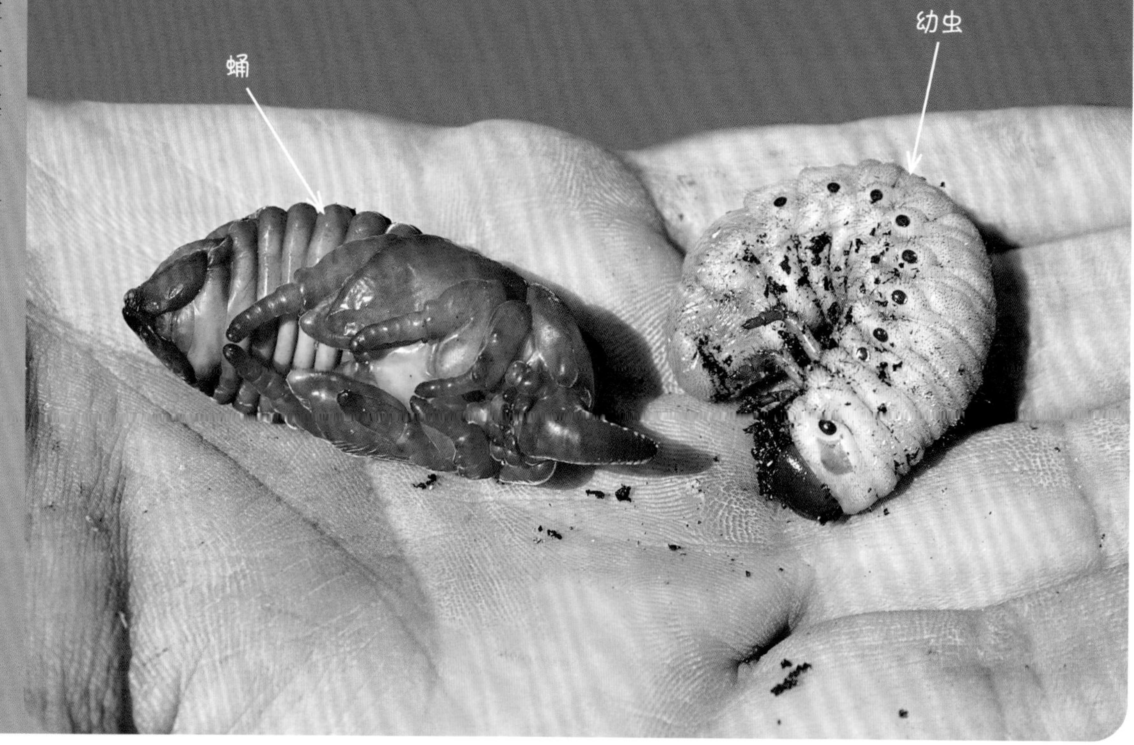

手掌上的幼虫和蛹，我们可以通过这种方式估计它们的大小

黑纹长角象鼻虫

学名： *Liparus glabrirostris*
体长： 14~18毫米
栖息地： 山区捕猎地的陡坡以及潮湿的草地
出没时间： 多见于春、夏两季

黑纹长角象鼻虫
——山区的象鼻虫

象鼻虫是鞘翅目昆虫中最大的一科。目前一共记载了6万种，象鼻虫的特点是它们头上有长长的角，这个角与它们的嘴部相连，虽然末尾处的颚看起来很脆弱，实际上却相当有力。

地上和地下的素食主义者

黑纹长角象鼻虫喜欢生活在森林中潮湿的区域、靠近水源或者捕猎区。白天我们可以看到成年的甲虫，它们以粉色、白色的款冬或红菜为食。它们离开后，会留下一大片被啃食得七零八落的叶子。随着时间的流逝，这些叶子将变得像蜂窝一样。幼虫在冬天时会钻进芹科和菊科植物的根茎里啃食，当然它们的食物可不仅仅局限于款冬。

就这样消失了

黑纹长角象鼻虫的行动十分缓慢，但是它们的眼睛对于眼前的动静十分敏感。在遇到危险的情况下，它会爬到被自己啃食出大洞的叶子下面躲藏起来，或者在地上将肢脚朝上装死。以这样的方法，它们可以一眨眼就消失在猎食者的眼前。不过对于昆虫学家们来说，这可不是什么好事。

装死的黑纹长角象鼻虫

在地上的黑纹长角象鼻虫，即使它们不装死，也很难注意到它们

热带雨林与山区的象鼻虫

黑纹长角象鼻虫主要出现在山地地区，在平原地区很少有这些昆虫。最常能见到它们的地方是长有粉色或白色款冬的地方。

白色款冬——象鼻虫的“食堂”

杨叶甲

学名： *Chrysomela populi*
体长： 10~14毫米
栖息地： 田野、杨树林和小灌木林
出没时间： 除冬季外均可见

杨叶甲——和其他的甲虫一样，十分贪吃

首先让我们来区分一下这类甲虫和与它相近的两种甲虫——山杨甲和柳叶甲，区分的方法是看它们甲壳的末端有没有黑色的斑点。杨叶甲生活在树林和混合树林里的杨树上（主要是白杨和山杨），有时也出现在柳树上，最常出现的地方是森林中新长的杨树上。

发亮的红色甲壳

黑色的前胸和头部

杨树叶——杨叶甲的食物

从一片树叶到另一片树叶

每年的5月和6月，杨叶甲会啃食幼嫩的杨树和柳树，在它们的叶子上啃出不规则的洞，雌性杨叶甲在树叶背面产卵，一般20~30组，共600~800颗卵。几天之后，这些卵就能孵出黑色的幼虫，它们迅速地分散开。幼虫非常贪婪，大嚼特嚼树叶，吃完一个就转移到下一个。化蛹时，它们牢固地附着在树叶的背部或枝头下，不到一周的时间蛹就可以变成成虫了。

一年多代

杨叶甲一年就能产出三代幼虫，它们的第二代出现在7月末，第三代在9月末。为了过冬，成虫会隐藏在植物的根系、枯枝和废弃物中，有时也会出现在落叶、石块和苔藓中间。

一组新鲜出生的卵

成年杨叶甲早春时就出现了

化蛹之前的杨叶甲幼虫

用来防卫的体液

在受到威胁时，杨叶甲会从分布在整个身体的腺体中发射出棕色的液体，这种液体有消毒水的气味，曾经被用于场所消毒，这种气味是由杨树叶子中的某些化学物质产生的。

橡实象鼻虫

学名： *Elaeidobius kamerunicus*
体长： 4~7毫米
栖息地： 橡树和橡树较多的落叶林
出没时间： 多见于夏、秋两季

橡子上的象鼻虫

橡实象鼻虫
——橡子破坏者

这个小甲虫有小、薄且弯曲的鼻子。很容易就能区分雌性和雄性，因为雌性的鼻子几乎和身体一样长，而雄性的则较短。对于大多数甲虫来说，雄性有更长的触角、下颚和前胸背板。

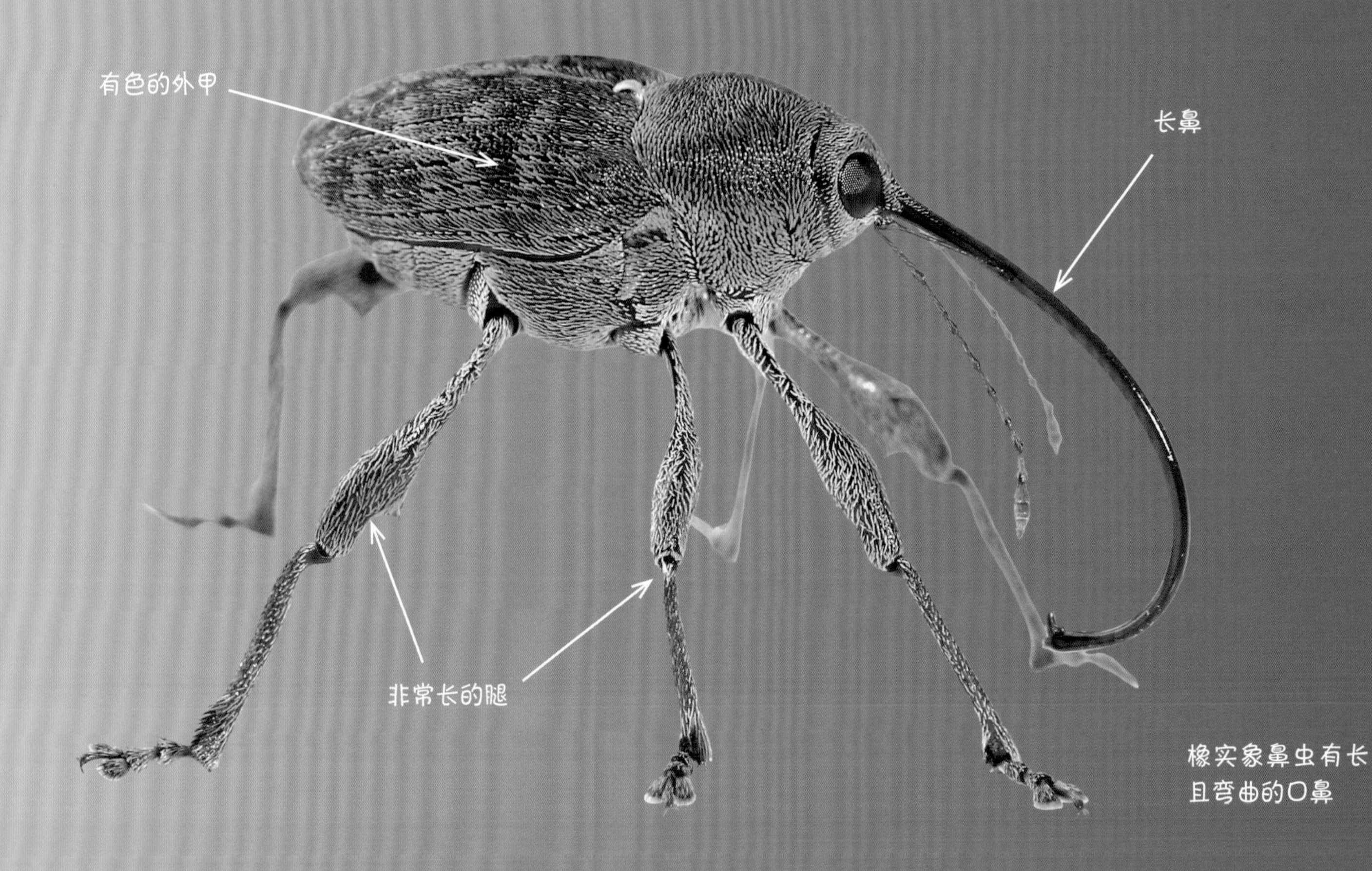

橡实象鼻虫有长且弯曲的口鼻

有洞的橡子

通常在每年5月时，橡实象鼻虫就会在橡树的叶子上寻找食物，而到了6月它们的出现是最频繁的。雌性象鼻虫在打洞的橡子中产卵。白色无腿的幼虫破坏橡子，但橡子最开始仍可正常生长，因此长大了的幼虫有足够的食物。羽化后的幼虫在橡子表面啃出圆形的洞。

我是不是很漂亮？

橡子的破坏者

橡实象鼻虫能够破坏多达70%~90%的橡子，这导致本地苗圃中的种子很少。由于橡树多年才能结一次果实，橡实象鼻虫对果农来说可真是培育橡树的大麻烦。

被啃出洞的橡子

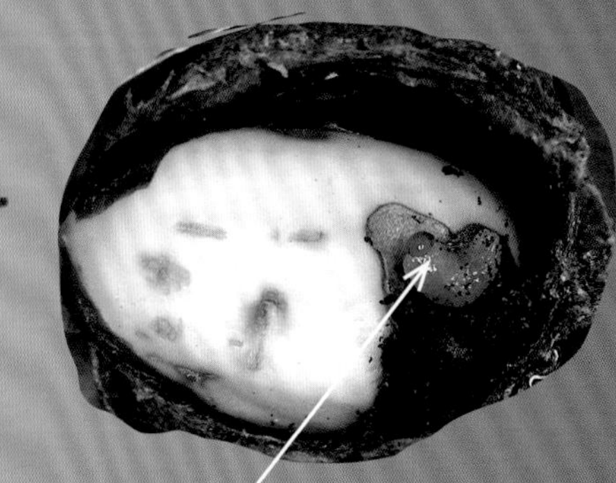

被损坏的橡子叶

从树上到地上

8月时的象鼻虫定居在橡子里，这时幼虫离开它们来到地上，建造化蛹的摇篮，大多数情况下，同年的秋天它们就会羽化。根据天气条件的不同，有可能是1年1代或2~3年1代。

象鼻虫的足稳固地附在树叶上

发光虫

学名： *Lampyris noctiluca*
体长： 10~20毫米
栖息地： 树林、林中草地和森林边缘
出没时间： 多见于秋季

发光虫

——圣约翰虫

我们今天主要介绍三个萤火虫家族：小萤火虫、大萤火虫和发光虫。这些虫子名字的来历不言自明，即它们都会发光，这也是它们区别于其他甲虫的主要特征。

雄性发光虫是不显眼的灰色小甲虫

前胸背板

背部隐藏着巨大的翅膀

两性异性

从外观来看，雄性发光虫和雌性发光虫的区别很大。雄性体长约1厘米，具有完全发育的翅膀，而雌性生长到2厘米时还是幼虫，并且没有翅膀。不论是雌性还是雄性，其腹部底端都有发光器官。

荧光素酶——这是什么?

由活体生物器官产生光叫作生物发光。发光虫腹部特殊的器官可以产生冷绿色的光，并通过闪烁来吸引同伴。这是在“荧光素酶”的作用下产生化学反应的结果。发光虫能随意打开或关闭自己的光，因此发光的时间也不一样，有时几秒钟，有时几分钟。

发光虫有雌性和雄性，图中为雌性发光虫

圣约翰虫

这个名字是在18世纪由著名的波兰博物学家、神父克齐斯茨托夫·克卢克提出的。他观察到在夏至时会出现很多萤火虫，而古老的宗教节日伊凡·库帕拉之夜时，人们点燃火堆来庆祝6月23日的圣约翰洗礼日。事实上波兰的“圣约翰虫”并不是萤火虫，而是发光虫，它的光比萤火虫强多了。

信号灯

在温暖无风的夏季夜晚，雄性发光虫会寻找那些坐在植物上，通过发光来吸引伙伴的雌性发光虫。雌性会发出短光，而雄性能够辨别出这种光，并用连续光来回应。通过这种长短交替的信号，雌雄个体都能在黑暗中找到彼此。幼虫期有3年的时间，而成虫只能活1个多星期，并在此期间不吃任何食物。

雌性发出短光

雌性幼虫也会发光，我们能在地面上见到它们捕捉小蜗牛，并用有毒的分泌物杀死它们

步甲虫

学名： *Calosoma sycophanta*
体长： 18~35毫米
栖息地： 松树林或松树比例高的混交林
出没时间： 多见于秋季

步甲虫
——毛虫的征服者

这是最有用的森林昆虫之一。它们翡翠色的翅膀表面泛着红金色的金属光泽。极少数步甲虫呈暗黑色，只在外壳的边缘泛着一点绿色光泽。它们身体的底部通常是深蓝色的。

步甲虫是擅长掠夺的奔跑者

生长迅速

雌性步甲虫会在每年的5月将100~160个卵产在土壤中，几天之后，就会有许多卵孵化为幼虫。它们化蛹的过程也非常迅速，仅用2~3周的时间。这种擅长捕食的幼虫会生长到4厘米，其前胸背板非常平坦、呈黑色，身体的后部有两个附属物。直到7月，年轻的甲虫就会出现了，但它们却极少出现在土壤的表层。

步甲虫的蛹

步甲虫的幼虫在整个生长周期会吃掉约40只昆虫

终结者

这类昆虫之所以这样命名，并不只是因为它们着色鲜艳，而是因为它们对幼虫的追逐就像狐狸一样敏锐。它们会在树干、树枝和树梢头捕捉这些幼虫的身影，还会吃掉大量有害昆虫的幼虫和虫蛹，其中就包括了松针毒蛾、松夜蛾以及松天蛾。在它三四年的生命之中，会杀害200~450只昆虫的成虫、幼虫与虫蛹。在两个月的昆虫搜索活动结束之后，这类昆虫就会在7月把自己埋进土壤之中。历经9个月的休息之后，又会在次年的5月再度来到土壤表层，开启新一轮对虫子的捕杀活动。

步甲虫是难得一见的美丽昆虫

虎甲虫

学名： *Cicindela hybrida*
体长： 11~16毫米
栖息地： 多沙、阳光充裕地带，沙坑及沙丘
出没时间： 多见于夏、秋两季

虎甲虫
——迅猛如龙卷风

在很长一段时间内，虎甲虫是被分类在虎甲科之中，但现在它们已经被特别划分在步甲科中了。在波兰，已经出现了7种不同种类的虎甲虫，然而科学家们对这一物种的研究成果分歧很大。

大眼睛，长长的脚，斑斓的色彩——这就是虎甲虫

既是猎手也是短跑选手

虎甲虫很难被拍摄到，并不是因为它们很罕见，而是因为它们能表现出超乎寻常的移动速度。它们几乎一生都在奔跑，极少停下来，哪怕是停了一小会，也是用来喘息或是用前腿来清理自己的躯体。巨大且向外鼓起的眼睛为它们的捕猎提供了帮助，而带着黑色尖刺的巨大白色下颌也发挥了类似的作用。在这些部位的帮助下，虎甲虫能将猎物抓起来。虎甲虫是世界上跑得最快的昆虫种类之一，1秒内能够奔跑60厘米，也就是1小时可以奔跑2 000多米，这在世界上的昆虫中是极为特别的。

极快的速度与致命的下颌骨成就了虎甲虫

盲蜘蛛也无法躲开虎甲虫的袭击

阳光即生命

虎甲虫非常常见，在多沙、阳光充裕的道路上经常能够看到它们，特别是在森林中的小路上。从春天到秋天都能够看到虎甲虫成虫，而它们在一天中最温暖的时刻里最为活跃。夜晚和较凉的日子，它们则会在自己挖出来的独立洞穴中度过。在准备出发狩猎之前，虎甲虫会像大黄蜂一样，如同一个赛前的运动员一般充分地热身。

以下颌捕猎

虎甲虫的幼虫也是食肉动物，但却使用与成虫完全不同的捕猎方式。它们在土地上垂直挖开小坑，并在其中度过整段生长期。它们会在开着小口的缝隙中耐心地等待着小昆虫或是蝴蝶的经过。当猎物主动撞上成长期的幼虫时，它们会突然从坑中跳出来，抓住猎物并十分迅速地返回自己的藏身之处。

灰长角天牛

学名： *Acanthocinus aedilis*
栖息地： 树木茂密的森林
出没时间： 除冬季外均可见

灰长角天牛
——触角长度的纪录保持者

灰长角天牛属于天牛科，它的命名是根据它细长、弯弯曲曲、看起来就像山羊角一样的触角而来的。触角的长度比自己的身体还要长很多。体长只有2厘米的雄性灰长角天牛就拥有10厘米长的触角！因此，灰长角天牛是昆虫中触角长度的纪录保持者。

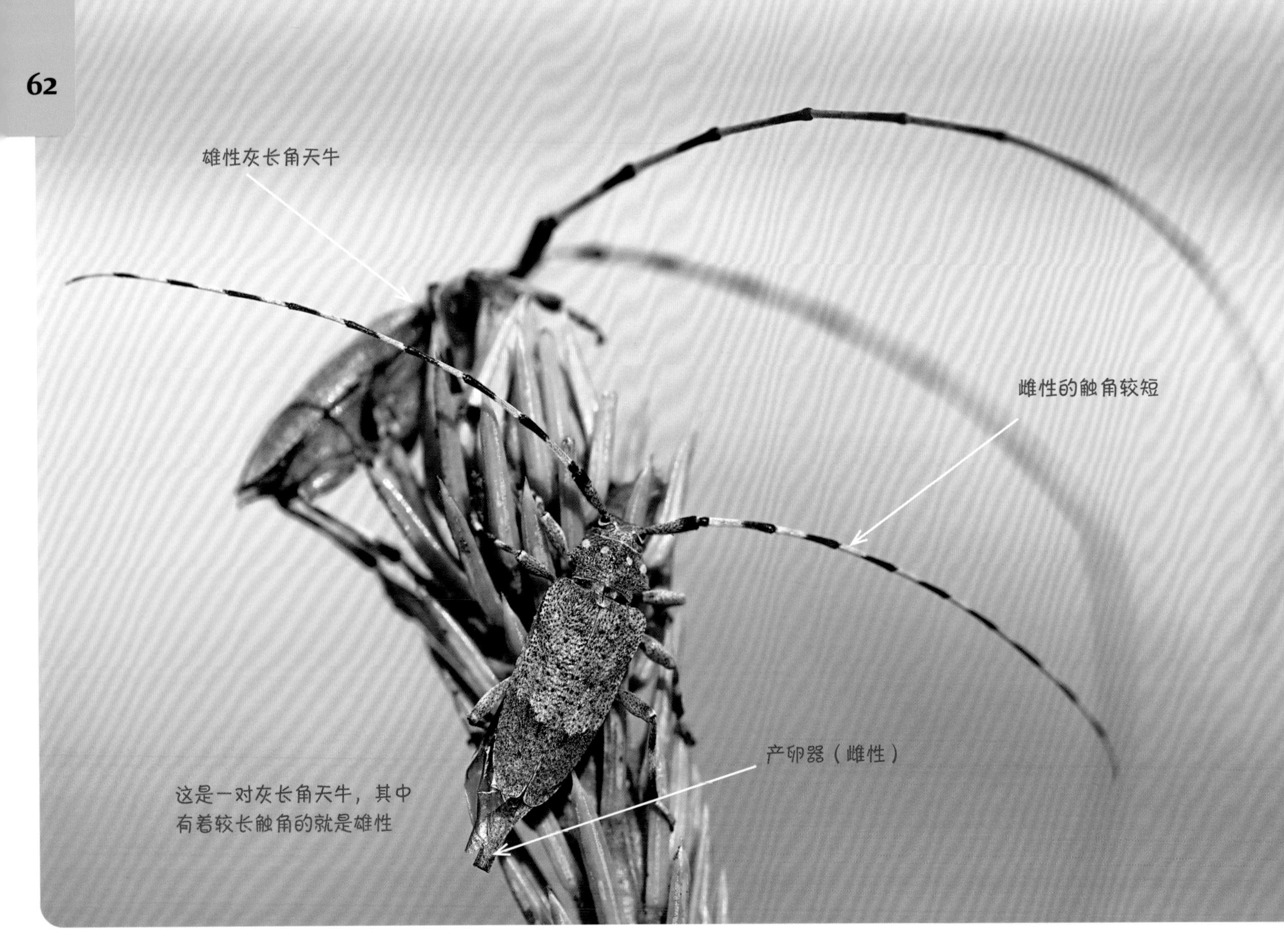

这是一对灰长角天牛，其中有着较长触角的就是雄性

整洁而又迷人的昆虫

有时我们会感觉，长长的触角应该会影响灰长角天牛的移动，但实际上这是不正确的！灰长角天牛在树干间移动，无论是水平方向还是垂直方向，都是十分顺畅的。它的腿部有着整体都十分坚硬的甲壳，因此当它们附着在树干上抓紧树皮的时候，是很难把它们从树皮上分离的。夏天，这种触角也能够发挥作用，可以为它的身体提供如同外来物种一般的移动速度。

无论是在树枝上还是树干上移动，对灰长角天牛来说都不是问题

不需要牙

灰长角天牛是一种附着在树皮表面、拥有不易察觉色彩的天牛，几乎是看不见的。如果它突然感到遭受威胁，就会开始发出尖叫声！昆虫发出的声音可以用一个特殊的词来形容，就是“鸣笛”。天牛依靠喉咙中睫状软骨后部边缘的摩擦来发出声音，大部分天牛科的物种都拥有发出叫声的能力。

勘测者

天牛科的昆虫都喜欢温暖的时节。每年6月的时候，它们中的大部分才会大量聚集现身，少数会在7月出现。灰长角天牛则在3月就能看到了，一直到7月都会持续活动。天牛科在4月数量最多，主要聚集在树木茂密的森林中，特别是在树种单一的森林。当它们浩浩荡荡地在林间的树干之中溜达而过，就会提醒那些正在勘测树桩、树木直径的林业工作者：该给树打药了。

雌性灰长角天牛会在枯死或是被砍断树木的树皮缝隙中产下30~50个卵

叩甲虫

学名： *Ctenicera pectinicornis*
体长： 13~18毫米
栖息地： 森林边缘、林中平原、草地、灌木丛
出没时间： 多见于夏、秋两季

叩甲虫——拥有牛角般触角的甲虫

叩甲虫非常小，身体由头部向尾部逐渐缩小。这种昆虫最常见的颜色是闪亮的绿色，有时候也会有铜色在其中。不过，通过触角能够一眼就认出它们，特别是雄性叩甲虫的触角。

和它独特的触角相比，其他的特点都显得不那么重要了

寻找雌性

为了找到雌性叩甲虫，雄性叩甲虫会用它们触角上面的嗅觉功能。有时候叩甲虫会坐在花上，花朵因花蜜而再度变得鲜嫩。在与雄性交配之后，雌性会把卵安放在湿润的土壤中。

叩甲虫的幼虫

叩甲虫的幼虫被称为线虫，生活在土壤中或是植物腐烂的部分。它们可能会破坏花园和苗圃，比如会挖开植物的根茎和块茎，吃掉种子和芽。线虫在次年太阳融化了冰雪、温热了大地的时候，就会从土壤中爬出来。在夏天结束的时候，又会在地面的上层化蛹。

雌性并不会与同伴发生争斗，所以触角是正常大小

雌性触角边缘有尖锐的刺

压缩弹跳

和很多昆虫一样，叩甲虫能够高高弹跳，直到跳到它能够跳到的最高点！当它从最高点落回到原来的位置时，还能再次向上跳到约25厘米高的位置。它的前胸腹板的附件直接插入胸腔，而这种特殊的身体结构使它能够顺畅地将身体前部和中部连接在一起。

活跃的甲虫

这种叩甲虫在波兰全境都十分常见，不过毫无疑问，它们最常出没的地方还是山脚下和山区。如果想观察它们，就去在森林中水域附近的平原，或是在明亮的、覆盖着茂密植被的道路上。雄性会比雌性早出现。在春季出来寻找叩甲虫，你不能一直待在一个地方，尤其是太阳光强烈的时候。当它们低低地从植物上方飞过的时候，我们就能够轻易看到它们的身影了。

雄性的触角能够帮助它定位雌性的位置

蜣螂（屎壳郎）

学名： *Anoplotrupes stercorosus*
体长： 12~19毫米
栖息地： 落叶林及混合林
出没时间： 除冬季外均可见

蜣螂
——森林护工

蜣螂是森林中最常见的昆虫之一，也很容易被辨认出来。它们拥有独具特色的、矮胖又敦实紧凑的身躯。它们身上最引人注意的地方就是闪亮而漆黑的外壳，闪耀着绿色与蓝色的光。

蜣螂是一种极为常见又十分美丽的昆虫

动物粪便是蜣螂主要的食物来源

管理义务

成年蜣螂以腐烂的有机物和真菌为食。最常见的是，即使是蜣螂的数量已经达到了几十只，它们还是会专注于动物粪便和被砍断的衰老树干，在上面吮吸汁液。蜣螂会掩埋粪便，这不仅保持了森林的清洁，也改善了土壤的结构并提升了土壤的肥力。除此之外，它们还在身上携带了真菌的孢子和菌丝，有利于真菌的广泛传播。

是行者也是飞人

蜣螂经常笨拙地游荡在地面或是灌木丛中，在那里最容易观察到它们。夏天温暖的夜晚它们也乐意飞翔，发出在十几米外都能听到的巨大声响。

偷渡的乘客

在蜣螂的身上能够看到大量奶棕色的螨虫——细小但肉眼可见。它们并不会对蜣螂造成伤害，也不会获得什么好处，只是借助蜣螂的身体作为免费交通工具去获取食物。

地下隧道

蜣螂把幼虫和储备的食物都埋在地下隧道里。它们把这些东西踢到粪便下面或是粪便周围，把残余的部分揪成球状，并装满附近的走廊。这种气味强烈地吸引了幼虫的注意力。蜣螂甚至能够用自己的侧腿挖出深度达到1米的垂直过道，用来放置自己的卵和满满的储备食物。雌性蜣螂会在自己划分出来的每个小室中放置一个卵。幼虫会在里面成长3年，随后年轻的甲虫会从里面出来，感受这个世界的魅力。

蜣螂会把肥料卷成一团

薄翅螳螂

学名： *Mantis religiosa*
体长： 雄性40~60毫米，雌性50~70毫米
栖息地： 干燥、阳光充裕的森林中部平原，林间低地，针叶林边缘
出没时间： 多见于秋季

薄翅螳螂
——惹人沉思的昆虫

在世界上，特别是在热带地区，生活着大约有2 000个品种的螳螂。少部分螳螂体长约为20厘米，然而大部分都能长到5~8厘米。

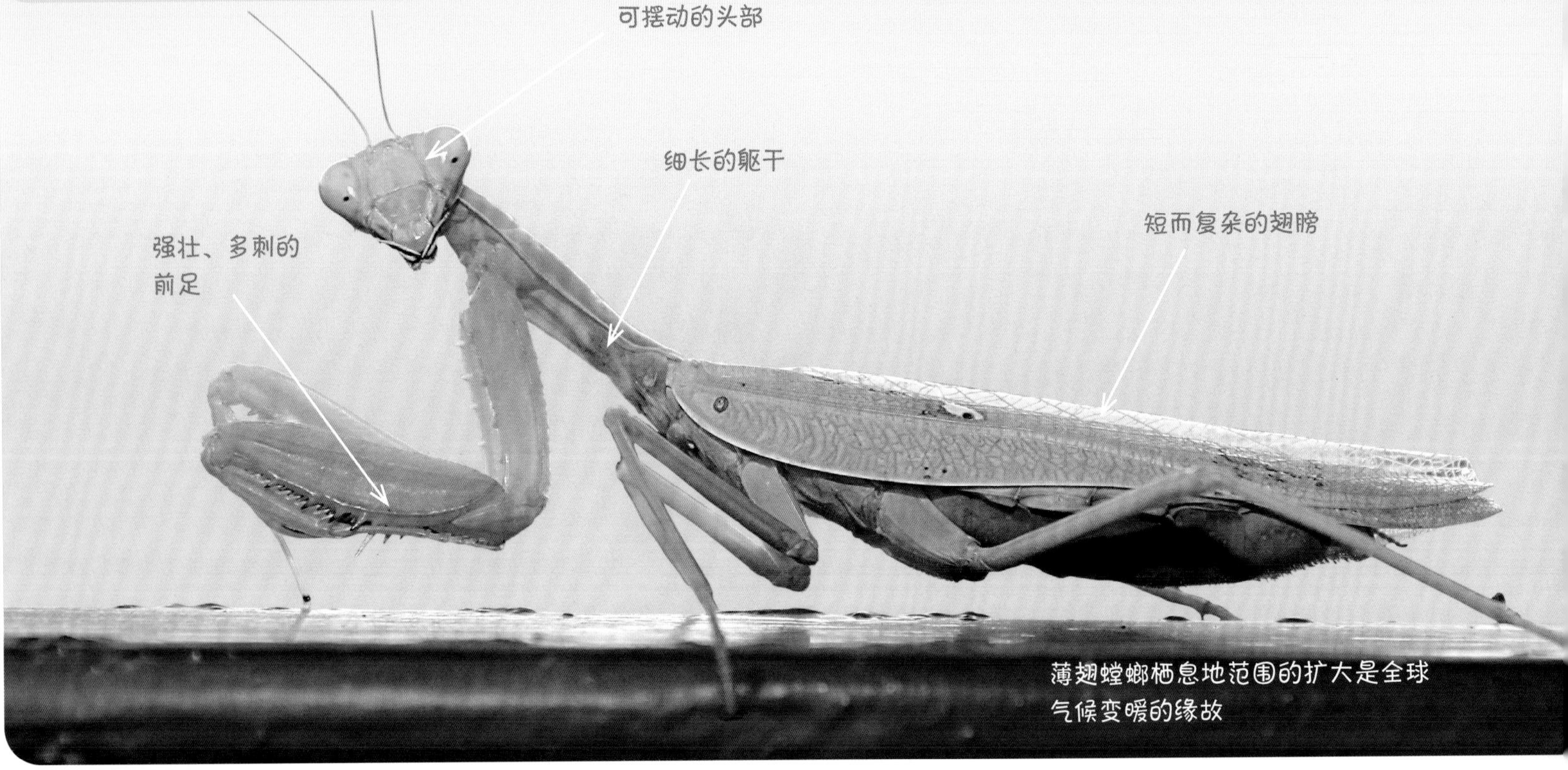

可摇动的头部
细长的躯干
短而复杂的翅膀
强壮、多刺的前足

薄翅螳螂栖息地范围的扩大是全球气候变暖的缘故

光明的爱好者

薄翅螳螂是昆虫中非常喜光的一种。雌性薄翅螳螂由于体型过大的原因不能飞翔，因此在遭遇危机的时候只能奔跑躲避。翅膀只是它们吓唬入侵者的一种震慑。

薄翅螳螂看起来就像在跳舞一般，其实它是在威慑猎物

雌性薄翅螳螂会把几十个卵放进这样的茧中，茧被抹在植物梗上。幼虫经过冬天的休眠后就会孵化

伤痛的爱

雌性薄翅螳螂会在交尾的时候吃掉自己的伴侣，并且它是从头部开始吃掉的，但并不是所有的交尾都以这种死亡的形式来结束。另外，这种现象在节肢动物之间并不偶然，许多种类的雌蜘蛛也有吞食伴侣的习惯。

苍蝇与之相比并不够快，故难以逃过夺命的“大刀”

优秀的猎手

薄翅螳螂第一对前足拥有锋利的武装，可以用来捕捉猎物。这对前足抓握的力量非常之大，即便是黄蜂也难以挣脱它的束缚。薄翅螳螂的特性就是擅长禁锢对手的头部，这是其他任何昆虫都做不到的。得益于此，它们能够将猎物固定在原地，使猎物的身体无法动弹。在捕猎过程中，它们还能够一动不动地等待着，随后迅猛地将带刺的足部刺向猎物。

松针毒蛾

学名： *Lymantria monacha*
翼展： 雄性可达35毫米，雌性可达45毫米
栖息地： 针叶林，特别是人工种植林及云杉林
出没时间： 多见于夏、秋两季

松针毒蛾——森林害虫

护林员认为这种鳞翅目昆虫是对森林危害最大的物种。它们的成群出现就能够让大片森林陷入危机之中。

雄性多毛的触角

拥有保护色的翅膀

极其毛茸茸的身躯

雄性松针毒蛾有着多毛的触角

黑白相间 有灰色阴影

松针毒蛾是一种非捕食性的鳞翅目昆虫，身上有保护色，一般是黑白相间的，也有一些品种的全身都是黑棕色、亮黑色等。这个种类的性别差异体现得十分明显。雄性拥有多毛的触角，看上去就像羽毛或是鹅毛刷，雌性则拥有线状天线的触角。

夜间飞行

夏天，黄昏降临之后，蛾子们就会开始空中交尾了，这一过程会一直持续到半夜。成年的松针毒蛾基本不会捕食猎物，生存时间很短暂。雌性松针毒蛾会将卵一堆一堆地放进针叶林树皮的缝隙中，它们选择的树木类型通常是松树或是云杉树。松针毒蛾在夏天活动较多，因此能够在距离自己10余公里的地方产卵。在第二年春天刚到的时候，这些卵会孵出很多幼虫，它们沿着树干向树冠移动，到达针状叶片。

森林野猪

松针毒蛾的幼虫出现在春末，身体被浓密的毛发藏了起来，借此它们能够悬浮在空气之中。它们很贪食，1只幼虫在自己仅有1个月的生命中就要吃掉高达200根松枝，如果换成云杉枝甚至能达到1 000根！大量被遗弃的松针也会因此而成为垃圾。

松针毒蛾的幼虫毛发非常浓密

钩粉蝶

学名： *Gonepteryx rhamni*
栖息地： 森林边缘、阳光充裕的平原、灌木丛以及杂草生长的地区
出没时间： 多见于春、夏两季

钩粉蝶
——欢悦又神气的动物

两性分异，意思是说钩粉蝶的雌性和雄性在外表上看起来是不一样的，这在鳞翅目昆虫中也并不是常见的。但在钩粉蝶身上，雌雄两性的区别却是显而易见的。雄性有着柠檬黄色的翅膀，雌性的翅膀则是黄绿色的。这种物种并不仅因为它们的翅膀颜色而得名，如果你把鼻子凑近这种昆虫，就能够闻到它们身上传来的令人感到舒适的、精神奕奕的柠檬味！

沉睡的春天的象征

钩粉蝶是早春里第一个出现的蝴蝶品种。其实常常在大雪覆盖的时候就已经出现了，但人们很容易将它们与空中随风飘荡的黄色叶子搞混。成年钩粉蝶能在夏天甚至秋天观赏到。它们会存活大约一整年，不过在其中会有两次陷入沉睡——夏眠（在炎热的时候）和冬眠（在寒冷的时候）。

追逐雌性

春天的时候，最爱四处游荡的毫无疑问就是钩粉蝶了，它们在身边搜寻着能够交尾的雌性蝶。当一只雄性遇见了一只雌性，就必须为了它与其他的雄性竞争，所以常常发生几只雄性追着一只雌性的局面。交尾后，雌性钩粉蝶会寻找两种特别的树木来安置自己的卵，这两种树木是鼠李科的药鼠李和欧鼠李。钩粉蝶会把自己的卵放在某一片树叶的背面。

长期的素食者

药鼠李和欧鼠李是寄主钩粉蝶毛虫栖息的主要植物。幼虫的生长期很短，仅仅几周，但是钩粉蝶成虫却能够生存很长一段时间。夏天里新孵化的蝴蝶已经来不及寻找越冬的藏匿地点。成年的此类昆虫与幼虫一样是素食主义者，只会靠吮吸花蜜来维生。

鹰眼蛾

学名： *Smerinthus ocellata*
翼展： 70~80毫米
栖息地： 落叶林与混交林、公园和花园
出没时间： 多见于秋季

鹰眼蛾
——夜晚的美人

鹰眼蛾是天蛾科的代表，这是一种夜间的鳞翅目昆虫，外形十分显眼并且颜色艳丽，它们会从花朵中吮吸花蜜，能够像蜂鸟一样在空气中悬浮。它们中大部分都热爱傍晚与深夜，会在那时飞去“拜访”花朵。鹰眼蛾的口器高度退化，成年的昆虫几乎都不会去采集食物，因此也就不可能在花朵四周看见它们了。

鹰眼蛾身躯巨大、结实，翅膀上有棕色的保护色

它们的喜好

鹰眼蛾的幼虫都有以下特征：体型大，像人类巨大的拇指或是食指；身体躯干有明显的区划，尾部有一根尖刺。它们十分贪吃，在整个生长期中必须吃掉大量树叶。逐渐冒出的幼虫会持续进食到2个月，它们主要吃柳树树叶，不过偶尔也会吃桦树、杨树、苹果树、李树和梨树的叶子。因此，我们不仅在森林或是公园里能看到它们，在果园和花园中也能够看到。

孔雀的眼睛可以吓唬敌人

脆弱的鹰眼蛾主要以保护色来保护自己，使它看上去接近自己栖息的树皮的颜色。这就让它融入了周围的环境之中。在遭遇突然的攻击时，鹰眼蛾就会立即展开第二对翅膀，上面有如同孔雀眼睛一般的图案。一般来说，这用来吓唬敌人足够了。

阿波罗绢蛛

学名： *Parnassius apollo*
翼展： 62~95毫米
栖息地： 在皮尔尼纳上和塔特拉山上阳光充足的低地、平原
出没时间： 多见于夏、秋两季

阿波罗绢蝶

——复活

阿波罗这个名字，很容易让人联想到，这是来自于它某种特殊的魅力。但是“绢蝶”这个名字是怎么来的呢？是因为它不想给花朵授粉吗？并不是这样的！大部分的鳞翅目昆虫在翅膀上都会有鳞片，它们显出各种不同的独特造型。阿波罗绢蝶的一双翅膀从底部开始几乎完全脱去了鳞片，所以为了与其他的蝴蝶区别出来，这种鳞翅目昆虫就叫作绢蝶。

特别的吃货（进食者）

阿波罗绢蝶的幼虫都十分特别，几乎只会吃庞大的喀尔巴阡山景天，这是一种生长在石灰岩上的珍稀植物。景天要求充裕的光照与岩石的石屑，在人工造林与放牧的影响下，景天越来越少，阿波罗绢蝶也开始逐渐消失了。

绢蝶喜欢拜访带刺的花和荆棘

极端濒危

阿波罗绢蝶是一种极度濒危的物种。自19世纪末开始的灭绝种群数量观察发现，它们曾经栖息在东欧地区的苏台德山脉到布什察山脉之间的地区，甚至在华沙附近的低地与波罗的海沿海也有发现。在1991年的调查报告中显示，如今波兰地区仅仅只有20~30只绢蝶，还存活在最后的两个避难所——塔特拉山和皮尔纳山。这一极端紧急的状况引发了人们的关注，一些关于恢复物种数量并重建自然生态的活动开始开展。这些人工养殖活动在苏台德自然保护区有过相关介绍。遗憾的是，迄今为止这类保护行动都以失败告终。

阿波罗绢蝶的幼虫在寄主植物上

冒险的生活

随着春天的到来，阿波罗绢蝶的青年成虫一代开始了自己的新生活。成年绢蝶夏季较为多见，并一直翩翩飞舞到秋初。它们乐于拜访矢车菊、带刺的花朵和荆棘。在阳光明媚的自然环境中，雄性会在附近寻找伴侣。雌性会在枯萎的景天上产下150~200个卵。幼虫会在次年离开自己的卵壳，这差不多是在冬末春初的时候。最开始它们群居进食，直到随后慢慢转移地点。在找到自己的寄主植物之后，阿波罗绢蝶会待在它附近直到成长期结束。

金凤蝶

学名： *Papilio machaon*
翼展： 60~80毫米
栖息地： 林中平原、花园
出没时间： 多见于夏、秋两季

金凤蝶
——是国王的凤蝶还是王子的凤蝶

金凤蝶是体型最大、外形最美丽的蝴蝶之一。专业的自然观测者们注意到，一般情况下，一年中有两次机会能够观测到它们：第一次是从5月到6月（春季产下的一代），第二次是从7月到8月（夏季产下的一代）。如果环境适宜，也可以在9月到10月（秋天产下的一代）之间观察到它们。成年的蝴蝶只能存活几周，通常在产卵并把卵安置好之后就死去了。

胡萝卜和莳萝的忠诚拥护者

金凤蝶的幼虫以各种伞形科植物为食，尤其喜爱草坪和长满前胡属、茴芹属植物或者长满野生蔬菜（比如茴香）的地方。成虫只吃花蜜，有时它也会模仿蛱蝶，待在盐池或者动物的排泄物里，以便获取矿物质。

金凤蝶会结成蛹来度过冬天

花园里的新发现

当在院子里收集莳萝的种子时，我发现了两个金凤蝶蛹。为了给它们提供相对于自然来说较为舒适的环境过冬，我把它们分别装进了两个瓶子，里面铺上湿润的土壤，盖上瓶盖，在瓶盖上钻出一个小孔。我将瓶子放在了通风的地下室里，并开始像它们一样期待着春天的到来。

之后我惊奇地发现，它们几乎同时破蛹而出，就相差了一两天！这样的同步性在昆虫界是很必要的，因为雌性和雄性需要在这广袤无垠的大地上相遇，延续自己的种族。我把两只金凤蝶都放回了院子里，之后又在院子里栽了许多莳萝和胡萝卜。

化学武器

所有凤蝶科的蝴蝶幼虫在身体的第一节前侧都有一个能够向前伸出的部位，叫作臭丫腺。这个器官在幼虫受到威胁的时候会起到攻击的作用，释放出非常臭的化学物质。

金凤蝶幼虫在受到惊吓时会从身体第一节前侧伸出臭丫腺

孔雀蛱蝶

学名： *Aglais io*
翼展： 50~55毫米
栖息地： 林间空地、森林边缘地区、草坪、花园、果园和荒地
出没时间： 除冬季外均可见

障眼法和小把戏

你可能会认为，这样艳丽的蝴蝶肯定会是掠食昆虫、捕食昆虫的鸟类以及其他天敌眼中的目标。然而，对付这类情况它们还是有方法的，那就是先合上翅膀。这种蝴蝶翅膀内侧的颜色是棕红色，容易让人误以为是干枯的叶子或者树皮。若这样仍被天敌发现，它就会马上展开翅膀，这样突然出现的翅膀上的四只“眼睛”就会把捕食者吓跑。

孔雀蛱蝶

——障眼法大师

孔雀蛱蝶非常常见，在森林、田野甚至是自己家的院子里你都能见到它。其实孔雀蛱蝶能成为最常见的蝴蝶种之一是没有什么奇怪的，因为它们那么漂亮，翅膀颜色那么鲜艳、有特色。

当孔雀蛱蝶收起翅膀的时候，看起来完全就像另一个种类的蝴蝶

每一个翅膀上都有“孔雀之眼”

茧衣中的新生幼虫

阳光的孩子

每年夏季都会有新的蝴蝶破茧而出，开始在花丛间流连忘返，采食花蜜。夏天以及初秋的时候它们采食的花蜜来源很多。它们最喜欢吸食紫色花、红色花和粉色花的花蜜，所以我们经常能在蓟、矛叶蓟和矢车菊上发现这些蝴蝶。它们也很喜欢飞到种在花园里的大丽菊、紫锥花和紫菀上，高高兴兴地采蜜。

成群活动更加积极、更加安全

交配期过后，雌性会把所有的卵（有几百个！）放在幼虫最喜欢吃的植物——异株荨麻上面。大概10天左右，幼虫就会破卵而出。刚开始幼虫是长满绒毛的，但是随着时间的推移，长出来的就不再是绒毛，而是又硬又长的刺。新生的幼虫经常以群体的形式在荨麻叶上进食。最后一个生长阶段的时候，它们就会分开，各自寻找可以化蝶的地方。

化蝶前的幼虫

无处不在

这种蝴蝶哪儿都能看到，环境不一样也没有关系。从森林、草地还有其他野生地区到院子、空地、田地、废墟荒楼，甚至市中心都能见到它们的身影。一整年基本都能见到成熟的蛱蝶，除了6月末到7月初这段时间。

蛱蝶在吸食花蜜的时候会用到“吸管”（口器），而没有吸食花蜜的时候，口器就会收卷起来

冬天最好待在家里

成熟的孔雀蛱蝶在冬天的时候会到处寻找休息的地方：地下室、走廊、楼梯下面的小隔间，在乡下它们就会找仓库或者粮仓之类的地方。在这些地方它们会躲在毫不起眼的舒服角落进入滞育期（昆虫发育停滞的时期）。我们很容易就会忽视这些瞌睡虫，尤其当它们把翅膀收起来的时候。

芳香木蠹蛾

学名： *Cossus cossus*
翼展： 70~95毫米
栖息地： 落叶林地区，河边灌木，无人照料的公园以及果园，还有满是柳条的种植园
出没时间： 多见于夏季

芳香木蠹蛾
——飞蛾中的巨人

芳香木蠹蛾属于体积最大的蛾类之一，但是它的颜色并不突出。躯干和腹部都长满了绒毛。跟其他飞蛾一样，它也喜欢在夜间活动，喜欢“扑火”。与幼虫时期不一样的是，成虫的口器已经完全退化，不能吃东西，所以生命只能持续一个星期左右。

弯弯曲曲的进餐路线（它们吃叶子时留下的白色痕迹）

芳香木蠹蛾最基本的安身之处有柳树、白杨、桤木和桦树，但是这种蛾的幼虫却以10多种落叶树和果树为食。大量幼虫的入侵会导致树木停止生长，甚至还会威胁到树木的生命。它们吃东西时留下的痕迹有时能达到1米。被毛虫侵蚀的白杨遇强风就倒，而这些树木的衰败也给了菌类植物可乘之机。

胖胖的毛毛虫正在大口大口地吃树叶

翅膀上的保护色能让木蠹蛾在白天安全地待在树皮上

超级毛毛虫

雌性蛾会把卵产在树皮的缝隙中，并且用一种灰色的物质把它们遮盖起来。毛虫的成长时期为2~4年。毛虫以潮湿的木头为食，而且这种木头要富含易消化的糖分和蛋白质，因此雌性只会把卵产在活着的树木上。跟成虫一样，芳香木蠹蛾的毛虫也会长得巨大无比，长度能达到10厘米，宽度有一个成人的大拇指粗。毛虫在头部装备有坚实的上下颚。没见过而且不认识这种毛虫的人，在第一次碰到它们的时候很可能会寒毛直竖。

什么都吃的大胖子

总是很饿的芳香木蠹蛾毛虫不光吃树木组织，它还吃生活在树上的其他毛虫，把这些毛虫当成额外的蛋白质营养品。它们不只吃树上的其他毛虫，它们什么都吃，硬的、有机的东西都吃。在有些农场里面，人们成功地喂养了这些大胖子，给它们吃土豆、甜菜根，甚至还拿干面包来喂它们。在它们走过的路上，有很多满是木屑的洞，因此成虫被称为木蠹蛾（食木蛾）。木蠹蛾的毛虫会在道路、木头，还有地面上化茧成蝶。

在冬天，不仅化蝶前期我们能够见到这种毛虫，当它们从一棵树跑到另一棵树的时候也能看见

银色天社蛾

学名： *Cerura vinula*
翼展： 68~78毫米
栖息地： 林间空地、森林产木区、森林边缘以及柳木丛
出没时间： 多见于春、夏两季

银色天社蛾
——飞蛾中的异类

这种飞蛾属于天社蛾科。一般出现在长有白杨树、柳树和颤杨的地方，这些树种都是天社蛾幼虫的食物来源。曾经有一段时间，银色天社蛾给白杨育苗圃带来了严重的损害。

附满绒毛的躯干和腹足

不起眼的灰

很多毛虫，在变成美丽的蝴蝶之前都是又黑又脏还不起眼的样子，但是银色天社蛾完全相反。银色天社蛾的成虫，虽然个头大，但是并没有很突出的特征，它身上的颜色只起到了保护的作用；然而银色天社蛾幼虫的外观和行为不仅能够吓到掠食者，还能让专业的自然观察者大吃一惊。它们拥有很艳丽的颜色，并且会使用与成虫完全不一样的防御战术把不速之客赶得远远的。

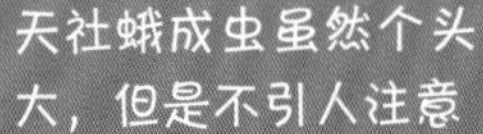

天社蛾成虫虽然个头大，但是不引人注意

怪胎

银色天社蛾幼虫有着翠绿的颜色，在背部中间有一块看起来像马鞍的暗色区。第一眼看过去它就像是一片柳叶或是一片白杨叶，自然地融入了周围的环境。如果这样的伪装不起作用，那么小毛虫就会奋起攻击。当它们受到威胁时，会抬起身体前端，露出与平时完全不一样的带有震慑性的面孔。

悠闲进食的毛虫对外界一切事物充耳不闻

柳树的纺线工

幼虫在化茧成蝶之前会褪色，同时还会编织自己的茧衣。身上深色的斑点逐渐消失不见，而背部会出现两条白色的线。茧的外观、结构以及颜色都只取决于制茧的材料。幼虫经常会把树皮、碎屑编织进茧衣，幼虫在虫茧里度过一个还是两个冬天，这取决于当时的环境条件。

心理防御和化学防御

首先天社蛾毛虫会支起大大的脑袋，以脸上一圈红色上的两个黑色斑点来假装眼睛，吓退入侵者，同时还会震颤尾部的两个尖刺。如果这还吓不跑挑衅者，没关系，它还有绝招——蚁酸。毛虫能把蚁酸从嘴上的腺体直接喷射到挑衅者的眼睛里。应该没有掠食者在遭到这样的待遇之后，还会继续觊觎这条彪悍的毛虫吧！

最好离我远一点，不然……

赭带鬼脸天蛾

学名： *Acherontia atropos*
翼展： 90~130毫米
栖息地： 果园、花园以及橄榄树种植园
出没时间： 多见于夏季

赭带鬼脸天蛾
——来自地狱的噩梦

这种欧洲最大的蛾类属于天蛾科，长得有些像蓝目灰天蛾。它的名字来源于背上的图案——看起来像一个骷髅头。这种蛾很有活力，从早到晚都有精神，而且很喜欢飞往有灯光的地方。

赭带鬼脸天蛾可能不喜欢摆造型……

休息的时候吸管（口器）是收起来的，完全看不见

以计谋战胜掠食者

趴在树干上一动不动的蛾子完全融入了背景，但如果不幸被掠食者盯上，那么它会立马展开黄黑相间的翅膀，瞬间增大体形来吓跑敌人，与此同时还会用口器发出刺耳的响声。如果这些都不管用，它就会马上脚底抹油——溜了。

丰富的菜单

赭带鬼脸天蛾的毛虫以诸多绿色植物、灌木的叶子为食。它们很乐意吃茄科的有毒植物，还有烟草属植物、橄榄树、椴树、柳树、橡树、苹果树以及橘树。它们偏爱阳光充足且干燥的地方，因此给南欧橄榄树种植园带来严重的损失。

蜂蜜比花蜜更可口

有趣的是，赭带鬼脸天蛾的成虫经常出现在蜜蜂群中，这种现象在蛾类中仅此一家。它们释放出拟态的化学物质，让自己闻起来像蜜蜂，然后就可以堂而皇之地飞进蜂窝。它会用尖尖的口器扎进蜂巢喝蜂蜜，每天能喝下10克的蜂蜜！但是当蜜蜂们发现不速之客时，就会用尾巴上的针把它们蛰走。除了蜂蜜，成虫最常吃的是从树干伤口处流出的汁液和果实熟透流出的果汁，花蜜对它们而言并没有什么吸引力。

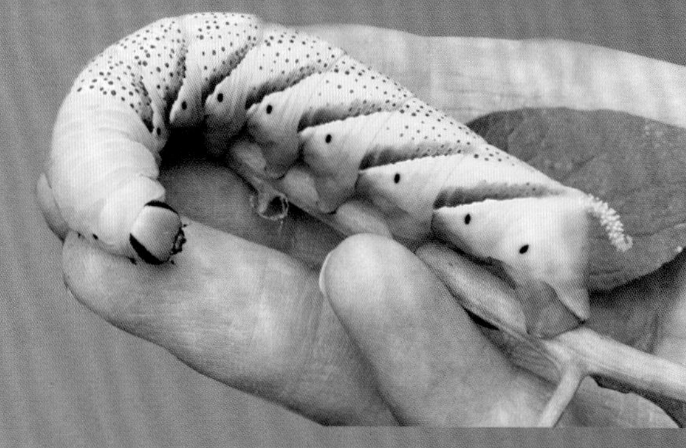

赭带鬼脸天蛾的幼虫体型很大，也很贪吃

像鸟类一样迁徙

赭带鬼脸天蛾生性喜热，经常出现在非洲、亚洲西南地区以及地中海盆地。新生的鬼脸天蛾也会迁徙到南方，就像鸟类一样。它们能够以很快的速度飞过几千公里的路程，因此迁徙对它们来说并不是什么了不得的事情。

幼虫的化蝶期在冬天，它的蝶蛹也很大

反吐丽蝇

学名： *Caliphora vormitoria*
体长： 10~14毫米
栖息地： 所有环境
出没时间： 除冬季外均可见

反吐丽蝇
——飞得像……苍蝇一样快

苍蝇可能是除了蚊子以外，最不受欢迎的昆虫了。它们曾带来过的病毒和细菌已经载入了史册。但鲜为人知的是，苍蝇其实是洁癖患者。你只要仔仔细细地观察一下，就能发现它们是如何努力地用前肢清洗头部。

空中杂技

苍蝇唯一的保命利器就是快速地逃跑。它们在发现危险因素的过程中，眼睛起了很大的作用，苍蝇的眼睛能够捕捉到每一个动作轨迹。它还是出了名的空中杂技能手，能在飞行过程中突然转变方向。

透明的翅膀

两只红色的大眼睛

应该没有谁想要这么近距离地观察苍蝇吧

体外消化

苍蝇的幼虫因为没有下颌，所以要吃流食。为了让腐肉变成液体，幼虫会分泌消化酶，然后吸收液化了的营养丰富的肉汁。丽蝇幼虫进食过的地方过几天会变得像糨糊一样，而且气味很糟糕，这使得人们更加讨厌苍蝇。

苍蝇成虫也吃流食，它们的口器为舔吸式口器

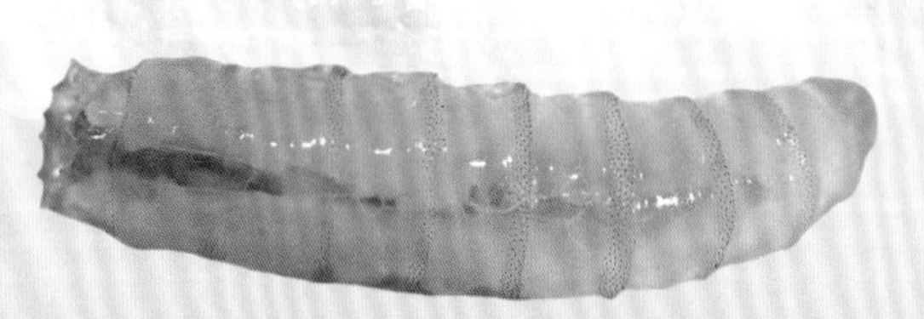
反吐丽蝇的幼虫。你知道吗？它可是上好的鱼饵

短暂的生命

苍蝇的幼虫经过10天就会化成蛹，化蛹后1个星期就能变成成虫。它们的寿命很短，最长不超过2个星期。更糟的是，等待它们的还有掠食昆虫、蜘蛛，以及以昆虫为食的所有鸟类。有些植物专门捕捉苍蝇，因此人们把它们命名为捕蝇草。

没有脚也没有头的幼虫

雌性苍蝇会把卵产在腐尸上，有时也在鲜肉上，这些鲜肉不久就会被做成午饭。一般两天后幼虫就会钻出来，因为腐尸对于许多食腐动物来说是块香饽饽，很容易被分食。苍蝇的幼虫也叫作蛆，看起来像蠕虫，很难分清头尾。蛆的身体两端有两个洞，蛆通过它来呼吸。蛆的前端要比后端窄。

但它们的作用很大

苍蝇在大自然中扮演着很重要的角色，因为它们能够加速动物尸体的分解过程，所以跟屎壳郎和掘墓虫一样，苍蝇也属于环境清洁者。同时它们还为腐生性营养的菌类以及鬼笔菌扩散播种。这些菌类的菌伞都覆盖着散发恶臭的黏液，含有孢子的黏液能吸引苍蝇为它们在周围传粉。

苍蝇能把整个蘑菇伞液化并吃掉

无翅红蝽

学名： *Pyrrhocoris apterus*
体长： 7~12毫米
栖息地： 落叶树林、混有椴树的落叶树林、缓冲带、乡间林荫路、墓园
出没时间： 除冬季外均可见

无翅红蝽
——一个电车司机

无翅红蝽是一种红黑相间的半翅目昆虫，因为背部的两个特殊黑点，所以也有人叫它“二点红蝽”。年轻人大多喜欢叫它“电车司机”，因为经常看到两只红蝽一前一后地一起快速飞过，就像电车的两个部分。“电车车头”总是雌性红蝽，而雄性红蝽只得跟在后面，充当伴侣。跟它的名字相反，无翅红蝽是有翅膀的，虽然有些无翅红蝽的后翅已经退化。

无翅红蝽也喜欢吸食花瓣的汁液，照片上的它就在吃紫色野芝麻

大地是它的家

春天到来，成虫纷纷从过冬的地方跑出来。不久后，幼虫就会出现，和其他半翅目昆虫一样，它们与成虫的差别不太大。幼虫的颜色也是黑红相间的，但组合成的图案与成虫有些不同。幼虫的躯干大部分是红色，但是背部的翅膀完全为黑色，中轴线上还有黑色的斑点。红蝽最常成群出没在老椴树和七叶树附近，多的时候甚至能达到成百上千只。

流食

当无翅红蝽的口器还不够坚硬时，它们是不能直接从树干中吸取汁液的，所以这时它们主要的食物来源就是椴树和七叶树掉在地上熟过头的果实（或者坚果）。半翅目昆虫很乐意吃掉同伴的尸体，有嗜食同类的倾向，但是大多数情况下它们食腐。它们还会吸食其他昆虫和大型动物的尸体以及它们的排泄物。

无气味的半翅目昆虫

半翅目异翅亚目的昆虫因为臭而出名，当它们认为自己受到威胁时，就会散发恶臭。但无翅红蝽是个例外，它们完全没有味道，却是出了名的难吃，所以它们几乎没有天敌。那鲜艳的颜色就像在警告潜在的掠食者："我很难吃。"

看样子无翅红蝽喜欢聚在一起。试着区分一下年幼一些的和年长一些的幼虫，再看看它们和成虫有什么区别

"电车司机"在交配的时候会兴奋地到处移动

赤条蝽

学名： *Graphosoma lineatum*
体长： 8~11毫米
栖息地： 草坪、森林边缘、光照充足的林间空地
出没时间： 多见于春、夏两季

赤条蝽——祖籍在意大利

单从色彩方面来看，昆虫群中很难再找到比这更有特色的昆虫了。当它们待在伞形科植物上时，我们从几米之外就能看见并把它们认出来。

注意！我有武器

身体鲜艳的颜色威慑着掠食者不要靠近。当它们受到威胁时会释放出一种极为难闻的物质。多亏了这个武器它们才能在光照充足的地方安心进食，舒服地晒太阳。

不寻常的幼虫

赤条蝽一般在晚春和初夏进行繁殖交配，根据性别激素各自进行识别。然后雌性会在叶子上产下400个左右的卵，起初它会在旁边守护，不让卵落入掠食者的口中。这些幼虫刚开始都是橙色的，之后越变越白，最后会出现深色的条纹。与成虫不同的是，赤条蝽幼虫一点都不张扬。

很难被发现的赤条蝽幼虫

在阳光下

赤条蝽经常出现在温暖的日照充足的地方，以及长有伞形科植物的地方，尤其喜欢峨参、宽叶羊角芹和猪草。我们最容易在白色伞状花序上看到它们，但是之后它们又会转移阵地，跑去复果上待着。

它们一生都围绕在伞形科植物周围，夸张地说，它们在这些植物上生活了一辈子

大绿灌丛蟋蟀

学名： *Tettigonia viridissima*
体长： 35~40毫米
栖息地： 草坪、花园、田野、光照充足的森林边缘地带
出没时间： 多见于夏、秋两季

大绿灌丛蟋蟀
——夜晚的作曲家

大绿灌丛蟋蟀是一种浑身翠绿的大型昆虫，我们经常称它为蟋蟀，但这是不正确的。它有着一对长且有力的后足，使它们跳得异常高，正是这种高难度的跳跃让它们远近闻名。

除了大长腿，它也有长长的翅膀，也能飞

房梁上的小提琴家

大绿灌丛蟋蟀通过翅膀摩擦身体来演奏音乐。它左边的翅膀上有个列齿，就像拉小提琴的弓，而右边翅膀上的列齿就像是小提琴的弦。当6月其他蟋蟀嘹亮的歌声停止后，经过1个月的停顿，大绿灌丛蟋蟀登上舞台，先热热身，等它们大显身手还得到8月。那时，在晴朗的白天或是在温暖的夜晚它们都能不知疲倦地演奏很长时间。它们往往会趴在高高的枝杈上，就像一个房梁上的小提琴家。

大绿灌丛蟋蟀的头真的很像马头

大绿灌丛蟋蟀的幼虫没有翅膀，但它们与成虫差别不大

形似马头

大绿灌丛蟋蟀所属的蝗科昆虫属于不完全变态。过冬之后卵孵化出的幼虫叫作若虫，与成虫十分相似。在生长过程中，若虫会经过多次蜕皮，最终变成有翅膀的成虫。不管是若虫还是成虫都长有头部，而且形状能让人想起马头。

老练的猎手

大绿灌丛蟋蟀是掠食者，主要捕食苍蝇、甲虫和蝴蝶，同时它们也会用“素食”来丰富自己的菜单。完美的迷彩伪装能让它逃过猎物以及捕食者的注意。大绿灌丛蟋蟀的口器（嘴）锋利强劲，所以那些不小心惹到它们的博物学家可能会被蜇到哦。

雌性用它又尖又长的产卵管把卵产在土里

田野蟋蟀

学名： *Gryllus campestris*
体长： 17~23毫米
栖息地： 干燥的草地、荒地、林间耕地、田野小路、处于休耕时期的耕地以及人类栖息地附近
出没时间： 多见于夏、秋两季

田野蟋蟀
——壁炉里的音乐家

蟋蟀的种类非常多，我们比较常见的是田野蟋蟀和家蟋蟀。

田野蟋蟀成虫

蟋蟀住在土地里的小洞中

蟋蟀的幼虫几乎与成虫一模一样，只是没有翅膀

我们不是灌丛蟋蟀

蟋蟀、灌丛蟋蟀和雏蝗属的田野雏蝗是三种完全不同的昆虫，但人们还是经常把它们搞混。田野蟋蟀的颜色一般不是很鲜艳，与土地的颜色类似，这样它们才能融入周围的环境中。它们一般会在土地上勤勤恳恳地挖洞建家。它们的身体庞大，有着圆柱或者腹背部扁平的形状，所以它们并不是很像灌丛蟋蟀。

什么叫作人类伴生种(生态上与人类相关联)

蟋蟀属于生态上与人类相关联的种类。意思就是蟋蟀与人类生活得很近，但与住宅区相比，它们更喜欢垃圾站。在各种建筑中它们偏爱普通且偏家用的建筑，比如锅炉房、面包店或者暖气管道。如今越来越多的蟋蟀在城市定居，虽然在乡间田野仍旧能够轻易地找到它们。

什么都吃

蟋蟀能活跃一整天，通常在夜晚时分出来觅食。它们喜欢所有又干又脆的食物，比如小块的干面包、肉干，甚至连牲畜吃的干饲料都能吃得津津有味。在自然环境中它们以各种植物的种子和嫩芽为食，有时昆虫的尸体也能成为食物，甚至连同类的尸体也不放过。

四脚落地更安全

田野蟋蟀绝对是最常见的蟋蟀种类，但如果就生活习性这一方面来说，它们很少被看到，即使被观察到的也是“四处走动”的幼虫，因为成虫总躲在洞里。蟋蟀的后足又长又有力，因此它们可以跳得又高又远。蟋蟀还有形状优美的翅膀，但很可惜它们从来不用。蟋蟀总是躲在地下，在地底寻找食物，埋在洞穴里冬眠，几乎一整年都见不到它们的身影。

蟋蟀与人类生活得很近

欧洲巨蝼蛄

学名： *Gryllotalpa gryllotalpa*
体长： 50~70毫米
栖息地： 花园、田间耕地、苗圃、果园和草坪
出没时间： 多见于夏、秋两季

欧洲巨蝼蛄——地下通道挖掘者

欧洲巨蝼蛄是最大的昆虫之一，体长能达到7厘米。它们非常适应地下生活，一生中有一多半的时间都待在地下。

蝼蛄吃什么

与以往的认知不同，蝼蛄的主要食物来源并不是植物的根。可以说蝼蛄只在挖地道的时候顺便啃一啃植物的根茎。本质上蝼蛄什么都吃，爱吃无脊椎动物，尤其是其他昆虫的幼虫，其中就有蛆和切根虫。蚯蚓和蜗牛对它们来说味道也不错。它们在大肆破坏的同时能够松松土，这也算是蝼蛄的一个优点吧。

长长的翅膀

庞大的肢体前端

钳子一般粗壮的前肢

蝼蛄身体的形状有利于它在地下通道里行走

“会飞的鼹鼠”

欧洲巨蝼蛄狭长硕大的身体呈现出深棕或红棕色，拥有高度发达的前胸背板。与前肢相比，欧洲巨蝼蛄的后肢显得相对短小，因此前肢承担了类似于前爪的功能——挖洞和作为刺穿的工具，这些特征使欧洲巨蝼蛄和鼹鼠有很多共同点。和鼹鼠一样，欧洲巨蝼蛄在地洞里挖掘通道，因为在通道里它们最有安全感。虽然欧洲巨蝼蛄都有足够长的、延伸出腹部的翅膀，但它们一生当中只有在交配的时候才会使用这对翅膀。

强有力的前肢上长有长长的用于埋土的“爪子”，像鼹鼠的前掌一样呈现钉耙的形状

不速之客

很久以前，欧洲巨蝼蛄是很常见的物种，它们喜欢在肥沃的泥炭地里挖洞。和蟋蟀一样，它们的生存受到人类影响，逐渐开始走进人类的生活领域。现在最常见到欧洲巨蝼蛄的地方是花园、农田、果园和温床。欧洲巨蝼蛄被认为是害虫，因为它们会引起农作物的幼苗枯萎，这也是不久前园艺工作者发现的。

没有什么比得上和妈妈在一起

雌性欧洲巨蝼蛄对后代无微不至的照料在昆虫界算得上是独一无二的。雌性欧洲巨蝼蛄在地下的巢穴里产下多达300枚卵并且一直守护在它们身旁。为了使幼虫保持温暖，雌性欧洲巨蝼蛄会扯断生长在洞穴上方的植物的根，因为这些根的枯萎有助于阳光的吸收从而使土壤的温度升高。幼虫主要在妈妈的照顾下进食，妈妈会陪伴这些幼虫直到秋天，那时幼虫也有了独自挖掘洞穴的能力。

欧洲巨蝼蛄不喜欢暴露在土地之上，它们会很快地钻进洞里

蚁狮

学名： *Myrmeleon formicarius*
体长： 23~32毫米
翼展： 52~67毫米
栖息地： 沙质的、干燥的松林、充满沙子的林中小道、沙石坑
出没时间： 多见于夏、秋两季

蚁狮
——生活在沙子里的物种

蚁狮是大自然诱人的产物，仅从名字就会引起人们的联想。尤其是它的名字来源于其幼虫的生活习性，而不是成年的昆虫。蚁狮的幼虫生长在地下，在一个单独的、与沙地相连的呈漏斗状的洞穴里。它们是蚂蚁的天敌，因此叫作“蚁狮”。如果有其他的动物，甚至是比蚁狮还大一点的昆虫掉进了蚁狮的陷阱，它们也同样会将这些猎物吃掉。

蚁狮主要在夜间飞行，它们飞起来又慢又不灵巧

幼虫潜伏在这样的漏斗形洞穴的底部，捕猎的任务就简单了很多

像炸弹爆炸过后的漏斗形洞穴

蚁狮的幼虫足够大，长度可以超过1厘米，它们的颜色会让人联想到沙子：呈草黄色或者是棕黄色。蚁狮的身体和腹部很大，因此总会让人产生它们比实际尺寸更大的感觉。它们的躯体上延伸出小小的、纤薄的足，当蚂蚁进入蚁狮漏斗状的洞穴，这些足的作用就显现出来了，蚁狮会用它们将猎物拉入地下。蚁狮的头部“装备”着小小的、红色的眼睛，以及大大的、弯成钩的、用来控制和吸吮猎物的下颌。在漏斗形洞穴的斜坡上，一旦猎物进入，沙子就会顺势流下，所以猎物几乎是插翅难飞。

丑小鸭

经历了生命的最初3年和两次在洞穴中的冬眠后，丑陋的蚁狮幼虫最终“破茧成蝶”。成年的蚁狮让人过目难忘，它们修长、精致，拥有颀长的透明翅膀。这种与蜻蜓相似的外表也使得人们经常把它们和蜻蜓混淆。蚁狮经常在花朵上活动，所以在很长时间里人们都以为蚁狮会采食花蜜，但其实蚁狮以小型昆虫为食。蚜虫、小苍蝇或者是小毛毛虫都是蚁狮的食物。

成年的蚁狮经常“拜访”花朵

蚁狮幼虫有着吓人的外表，这让人很难相信它们与花间飞舞的美丽昆虫有任何共同之处

酿成悲剧的饥饿

处于饥饿中的蚁狮会表现出与平时截然不同的强大攻击性。就像螳螂一样，饥饿甚至会导致蚁狮自相残杀，有时候在完成交配后雌蚁狮会吃掉雄蚁狮。当另一只雄蚁狮对“她”表现出兴趣，“她”依然会无视爱情的喜悦然后吃掉“他”。摄入珍贵的蛋白质以后，雌性蚁狮会在温暖的泥土里产卵——将腹部的末端插入泥土，扇动几下翅膀，在那里留下自己的第一个卵，然后移动一下再重复刚才的动作。

欧洲球螋

学名： *Forficula auricularia*
体长： 15~20毫米
栖息地： 花园、树林、草地以及其他各种地方
出没时间： 除冬季外均可见

欧洲球螋

——大量噪音的制造者

欧洲球螋又叫蠼螋，这种小型昆虫通常会引起人们强烈的负面情绪，比如恐惧、厌恶和对咬伤的害怕。很长时间以来，网络上出现了各种关于欧洲球螋或真或假的报道，比如关于它的神话和谣言。

短小的翅膀

尾钳

欧洲球螋的尾钳虽然看起来极具攻击力，但是却不能对人类造成任何损害

非常吓人的尾钳

欧洲球螋体型不大并且外壳柔软，要不是有了特征鲜明的尾钳，它将完全处于无保护状态。虽然欧洲球螋看起来有很大的威慑力，但它们对人类完全不能构成威胁。尾钳还能够帮助欧洲球螋抓住和控制猎物。在受到威胁或者是被包围时，它们会展示自己的腹部并且努力扩张，但这也是人们完全不该害怕的。

益虫还是害虫

欧洲球螋会十几只在一起群居，但它们并没有形成有组织的社会。欧洲球螋无处不在：在老的石头房子下面，在腐朽的轨道栅栏里，在掉落地上的水果里；我们也可以在采蘑菇的篮子里、在森林野餐的背包里发现它们的身影。欧洲球螋属于杂食动物，它们吃动植物的残骸，也同样吃蚜虫、蜘蛛和毛虫。在果农和园林工作者与害虫的战争中，欧洲球螋是他们的盟友，但大量的欧洲球螋也会造成损失，因为它们最喜欢的美味是花朵的雄蕊和花柱，除此之外，它们也同样喜欢吃花园里花朵的根部。

欧洲球螋很喜欢吃花朵的雄蕊和花粉

富有爱心的母亲

雌性欧洲球螋会照顾自己产下的卵，这在昆虫中是很少见的。秋天时，雌性欧洲球螋会用沙子和植物的残枝在安静偏僻的地方建造自己的“小家”，并在“小家”的底部产卵，之后它们会一直守候在卵上，只有在觅食的时候才会离开自己的洞穴。雌性这样做是有原因的，因为它们离开后虫卵很快会被寄生的菌类控制。幼虫几乎是完全透明的，是完全不能独自存活的。雌性带领着幼虫，把幼虫护在自己身下避免它们受到阳光直射，并且给幼虫提供食物。

雌性欧洲球螋一直照顾自己的卵

欧洲球螋的幼虫很小，几乎完全透明

皇蜻蜓

学名： *Anax imperator*
体长： 65~85毫米
翼展： 90~110毫米
栖息地： 有活水的水源处，植物生长茂盛的水库
出没时间： 多见于夏、秋两季

皇蜻蜓
——飞行家

皇蜻蜓是出现在中欧地区体型最大的蜻蜓。美好夏日，皇蜻蜓活动频繁，因此我们在离水源很远的地方也可以见到它们。正如很多蜻蜓一样，皇蜻蜓会显示出明显的性别差异。

“皇”意味着统治者

每个看过皇蜻蜓在空中威严地巡逻飞行的人，都会忍不住赞叹皇蜻蜓，这个名字恰如其分。此外，雄性皇蜻蜓会表现出强烈的领地意识，它们会驱赶进入自己领地的其他雄性竞争者。有时在竞争者之间会上演精彩的飞行比赛和短时间的战斗。

蓝绿色的雌性皇蜻蜓把卵产在水生植物的幼苗上

永不停歇地捕猎

成年的皇蜻蜓是天生的捕猎好手，它们非常善于在飞行中猎捕其他昆虫。我们很难见到皇蜻蜓在植物上休息。相比于成年的皇蜻蜓，它们的幼虫更加贪吃，也更热衷捕猎。皇蜻蜓在水域制造着恐怖气氛，它们抓捕其他昆虫的幼虫、蝌蚪甚至是苍蝇。它们的下唇形态利于控制猎物，也叫作口器。在捕猎时，皇蜻蜓用下唇紧紧咬住猎物，几乎所有猎物都插翅难飞。

皇蜻蜓巨大的眼睛在它们捕猎时起到很大的作用，这双眼睛能敏锐地捕捉到猎物的动作。皇蜻蜓的眼睛在头部中间紧紧相连

皇蜻蜓的繁殖

皇蜻蜓最常选择在人工水源处繁育后代，比如在池塘、湿地或者水量充足的死水潭，它们有时也会选择田地里的水井或者杂草丛生的牛轭湖，但皇蜻蜓选择产卵地最重要的一点就是水源的岸边是否长满芦苇、蒲草和莎草之类的植物。雌性皇蜻蜓把卵产在水生植物或者是它们的幼苗上，不久后雌性皇蜻蜓就会死去。不到一个月，从卵中孵化出冬眠的幼虫。来年夏天，幼虫牢牢地挂在水边植物的树叶或者是主茎上，不久后它们的壳裂开，幼虫羽化成成虫。

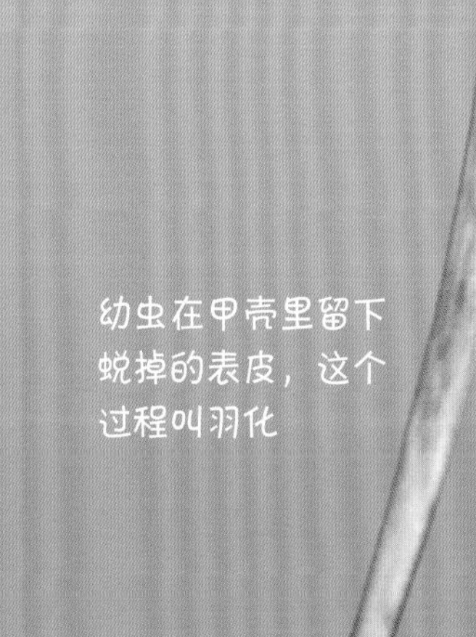

幼虫在甲壳里留下蜕掉的表皮，这个过程叫羽化

阔翅豆娘

学名： *Calopteryx virgo*
体长： 33~40毫米
翼展： 60~70毫米
栖息地： 缓慢流淌的溪流和水形成的网孔的边缘，池塘周围或湖边的灯芯草上
出没时间： 多见于夏、秋两季

阔翅豆娘
——绝顶的美丽

阔翅豆娘这种昆虫是蜻蜓的代表，但其外观不同于帝王伟蜓（也是一种大型蜻蜓）。阔翅豆娘有着构造非常美丽的躯体，生长着一对翅膀——它们的翅膀并不向躯干两边伸展开来，而是会沿着体长的方向伸展。雄性和雌性的阔翅豆娘有着完全不同的体色。

干净水源的爱好者

阔翅豆娘是用来判断水质是否纯净非常好的指标。人们只能在非常清澈的、以自然植物为堤岸的细小溪流上游见到这种蜻蜓。在被污染的水源区里阔翅豆娘是不会出现的。

雄性阔翅豆娘的体色为具有金属光泽的蓝色

蚊子的驯养人

阔翅豆娘的幼虫体型非常纤细，有着长腿和比较长的触角。它们最常出现在小地洞的边缘或者是水边的灌木丛中，在那里它们不会遇到捕食者。由于这些地方通常光线较弱，这些幼虫便使用自己的触角来寻找猎物。像大部分昆虫一样，阔翅豆娘幼虫存活的时间比成虫更久，可以达到两年。它们常常表现出饥饿的状态和很强的攻击力，甚至面对自己的兄弟姐妹时也是这样，它们要保卫自己的领地。阔翅豆娘主要以蚊子为食，而它们的幼虫就以蚊子的幼虫为食。

雌性阔翅豆娘有巨大的眼睛和尖利的下颌，这正好说明了它们的饮食习性

摇摇摆摆的飞行

当我们观察阔翅豆娘的飞行时会产生这样的想象，即使是最轻微的一阵风也能将它们撕裂。或者我们会觉得它们马上就要落入水中了。它们的飞行方向总是不确定的，“摇摇摆摆”的，就好像马上要失去平衡了。产生这种假象的原因是：这种蜻蜓不具有飞行的平衡杆，对于更大的蜻蜓来说它们自己本身就可以充当平衡杆。然而，阔翅豆娘能够稳稳地站在植物边缘的叶片上，即使是非常强劲的大风也无法将它们吹落，这都多亏了它们有力而尖利的爪。阔翅豆娘能够在一秒钟内扇动翅膀30次并像蜂鸟一样盘旋在空中。

阔翅豆娘哪怕在强劲的风中也能平稳地坐着。图片中为雌性阔翅豆娘

十字园蛛

学名： *Araneus diadematus*
体长： 雄性5~10毫米，雌性12~17毫米
栖息地： 森林的边缘，花园中，灌木丛中
出没时间： 多见于夏、秋两季

十字园蛛
——纺织大师

蜘蛛中最有名的、同时也是传播最为广泛的物种就是十字园蛛了。

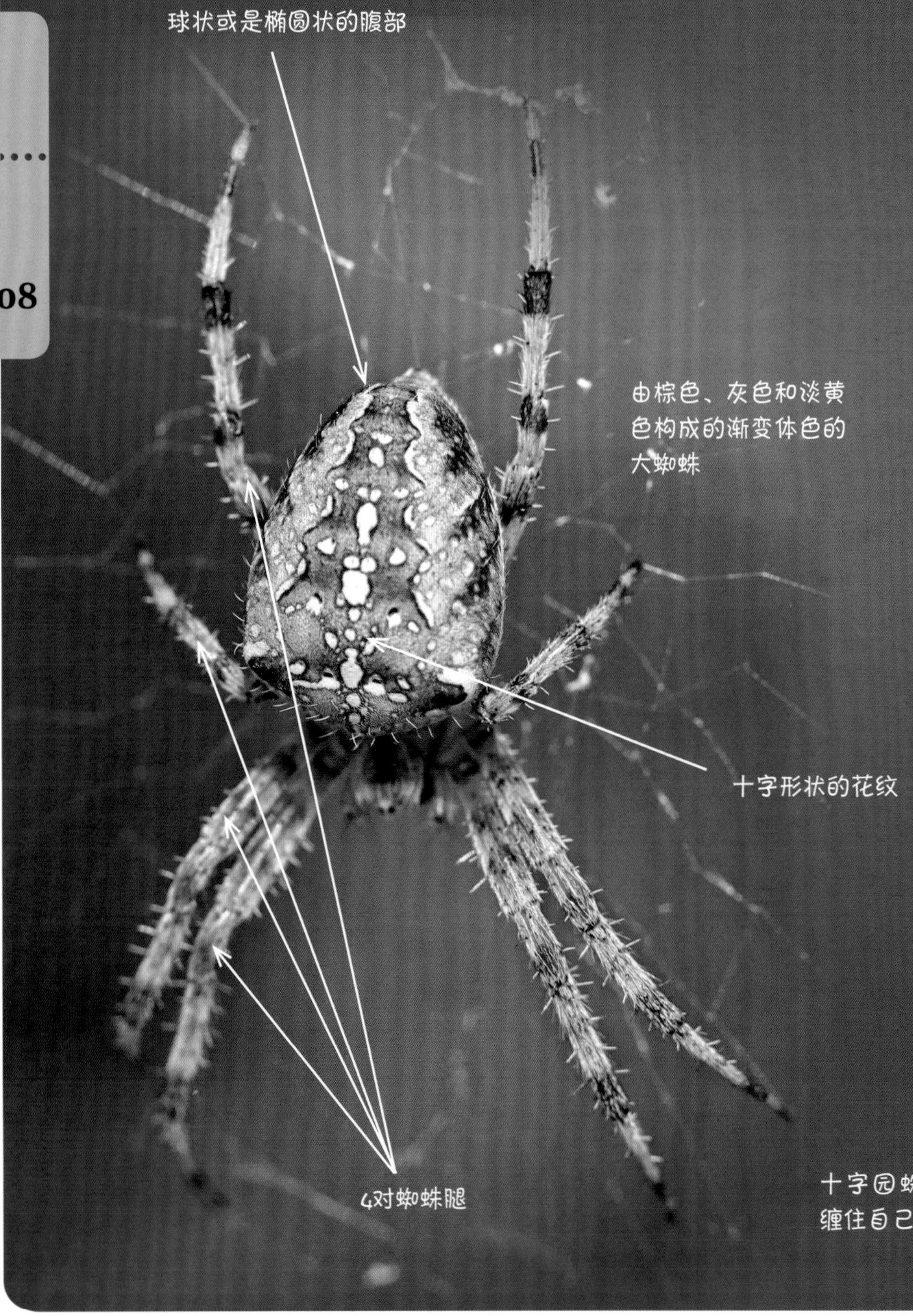

球状或是椭圆状的腹部

由棕色、灰色和淡黄色构成的渐变体色的大蜘蛛

十字形状的花纹

4对蜘蛛腿

伏击猎物

十字园蛛主要以昆虫为食，它们用编织好的错综复杂的蛛网来捕获猎物。蜘蛛坐在蛛网的中心一动不动地等待，而极少被发现处于蛛网的边缘，所以人们称它们擅长埋伏。当发现猎物已经落入自己的陷阱时，蜘蛛会在一瞬间变得异常灵活。在猎物能够解开蛛网挣脱陷阱之前，十字园蛛会飞快地跳到猎物身上并且迅速用浓密且黏着的蛛丝将猎物紧紧缠住，之后蜘蛛会回到自己刚才待的地方，等待下一个猎物。用这种方法它们能够捕食到不同种类的，有时甚至是体型非常大的昆虫。

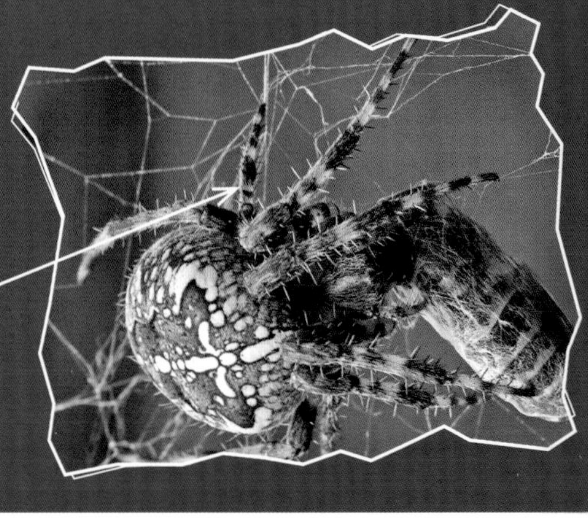

十字园蛛用蛛丝纠缠住自己的猎物

像窗纱一样的网格

网格——尽管我们口头上这样称呼蜘蛛网并不正确。蜘蛛网是圆形的，其径向上由线状蛛丝组成，它们彼此之间由螺旋状的蛛丝延伸而连成。只有螺旋状的蛛丝是被黏着的分泌物覆盖的。人们从没有发现蜘蛛被自己的蛛网粘住，因为它们清楚地知道，哪一根蛛丝是没有黏性的。十字园蛛（又叫园圃蜘蛛）在地面上方，不大的树枝或是草木的叶片之间垂直地铺开自己的蛛网，通常在距地面1.5~2米的高度处。它们的蛛网通常有着令人惊讶的尺寸，其直径甚至能够达到50厘米。

每晚都有新成就

十字园蛛的蜘蛛网是仅供一次性使用的建筑。每天晚上十字园蛛会吞掉自己的蛛网，并在这个地方编制新的蛛网，它们会在这个过程中只保留下最基础的蛛丝。它们整夜辛勤劳作，因为在清晨天亮时新的蛛网必须完成，而白天蜘蛛只需要填补一些小的漏洞就好了。

十字园蛛的蛛网

蜘蛛的神秘生活

受精后的雌性蜘蛛开始建造淡黄色的虫茧。一只雌蜘蛛会建造几个这样的虫茧并且把它们放置在不同的角落里，例如在树皮下或者是在建筑物的缝隙中。每一个茧中包裹着大约100颗蜘蛛卵。在排卵期间，雌性蜘蛛用早已备好的收集在特殊小容器里的精子对这些卵受精。当安置完最后一个虫茧，雌性蜘蛛还要照顾一段时间，之后雌性蜘蛛便死去，结束自己长达两年的蜘蛛生命。

挺着巨大肚子的雌性十字园蛛，它的腹部保存着蜘蛛卵

跟随风的旅行

春天时，小蜘蛛从虫茧中孵化而出。刚开始它们都待在一起，过了一定的时间之后，每只小蜘蛛会吐出自己的蛛丝并且等待风将其带走，就像乘坐悬挂式滑翔机一样离开。被气流轻而易举带走的小蜘蛛能够跨过很远的距离，最终定居在一片新的土地上。

还未分散去向各地的小蜘蛛们

横纹金蛛

学名： *Argiope bruennichi*

体长： 雄性4~6毫米，雌性14~16毫米

栖息地： 干燥或潮湿的草地中

出没时间： 多见于夏、秋两季

横纹金蛛
——来自南方的迁入者

早在200年前，横纹金蛛只生活在地中海沿岸的温暖国度中，在我们这里没有人认识这个蜘蛛种类。这一物种向北方的扩张趋势在19世纪后半叶时受到了人们的关注。在不到100年的时间里，整个波兰境内——从西边的西里西亚算起，都能够见到横纹金蛛了，而且它们的数量也越来越庞大。

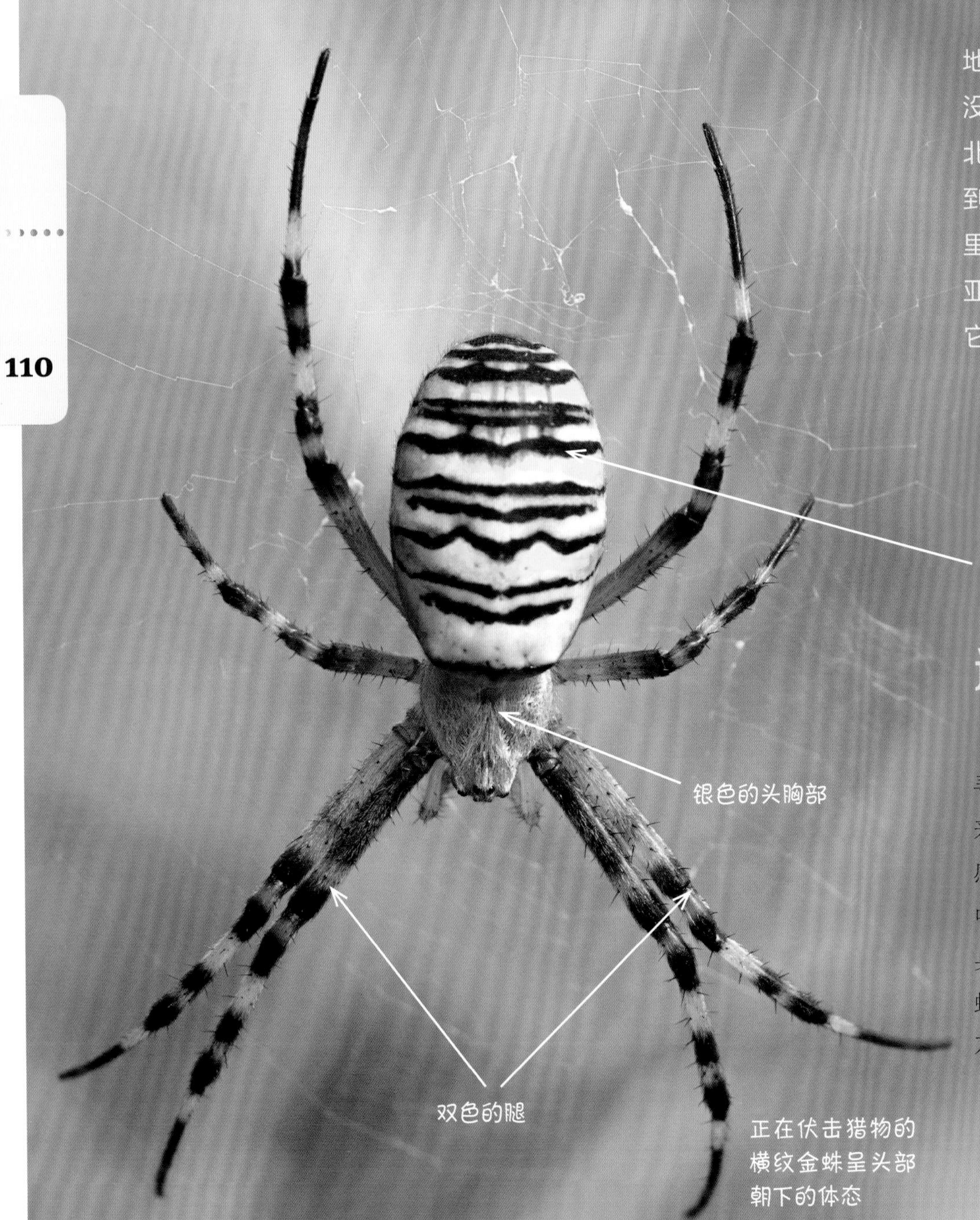

这些条纹有什么作用

这种昆虫的腹部和四肢都有着不同寻常的条纹状图案。由此得来它那听起来很凶猛的绰号——老虎。当横纹金蛛感到不安时，能够在剧烈且快速的抖动中适应蛛网并在上面待一整天，因此其身体上的条纹和之字形的条带能够促进蛛网与蜘蛛本身融为一体，从而让蜘蛛不被发现。

是求爱者还是早餐

横纹金蛛的交配在每年7月和8月进行。雄性横纹金蛛会靠近位于蛛网中央的雌性，它们会以特别的方式拖拽雌性蛛网上合适的几根蛛丝。雄性蜘蛛求爱时，它们必须非常小心谨慎，以便不被雌性蜘蛛当作意想不到的入侵者或者是被当作潜在的猎物！受精后的雌性蜘蛛会产下300~400颗卵，这些蜘蛛卵被放在球形的虫茧里并被很好地隐藏在植物当中。虽然小蜘蛛在秋天就孵化出来了，但虫茧直到第二年的春天才会消失。

横纹金蛛的食物

横纹金蛛最主要的食物是绿丛螽斯，有时候也被称为“蝈蝈”或者“蚂蚱”。为了这些食物，蜘蛛常常选择靠近地面的地方、坚硬的草木茎秆和其他草地植物之间日照充足的地方搭建蛛网。据科学家的调研结果显示，在横纹金蛛密集栖居的草地上，每年每公顷草地上约有450万只节肢动物陷入蛛网。

绿丛螽斯

带有白色接缝的蛛网

横纹金蛛编织的蛛网是与众不同的。蜘蛛能够纺织出整体来看相当大的“建筑”，即直径达到30~40厘米的蛛网。横纹金蛛的蛛网形状会让我们想起其他圆蛛科（也叫金蛛科）蜘蛛编织的蛛网，但是横纹金蛛又区别于其他蛛网：横纹金蛛独特的方式就是从上至下爬过来进行之字形的强化工作，看起来就像是用更粗的白色纱线又织了一遍网。它们在不到一小时的时间里就能编造出新的蛛网。

弓足梢蛛

学名： *Misumena vatia*

体长： 雄性3~5毫米,雌性7~10毫米

栖息地： 草地，路边，花园中

出没时间： 多见于夏、秋两季

弓足梢蛛

——伪装大师

弓足梢蛛常常在每年4月开始出击寻找自己的猎物。虽然弓足梢蛛体型并不算小，但是它们确实非常容易被人忽视。弓足梢蛛栖息在花瓣中间时，它们的颜色与花瓣的颜色非常接近。

改变自身表皮的颜色
以便与环境颜色相近

4对眼睛

两对前腿明显
长于后腿

像变色龙一样多变

弓足梢蛛具有非常罕见的能力，它们能够按照身处环境的颜色改变自身的体色，与周围环境融为一体。所以弓足梢蛛可以是白色的、黄色的或者是棕色的。有趣的是，只有雌性的弓足梢蛛拥有这一技能。改变自身体色要花掉它们1~3周的时间，所以有时我们也能见到体色与周围环境完全不同的弓足梢蛛。

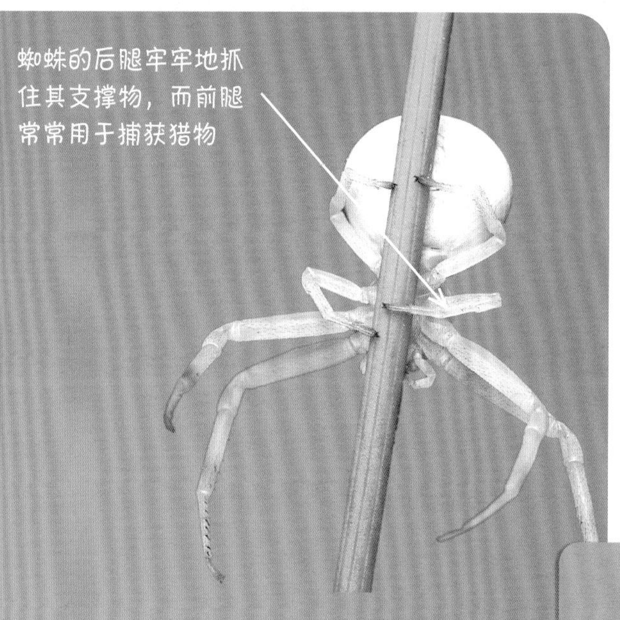

蜘蛛的后腿牢牢地抓住其支撑物，而前腿常常用于捕获猎物

变色之前的弓足梢蛛

变色之后的弓足梢蛛

这只雌性的弓足梢蛛在身体两边有着红色的带状花纹，这有益于其进行伪装

和螃蟹的相似处

如果要看弓足梢蛛的外观，那么最引人注目的要属其两对前腿了，它们明显比后腿长得多，而且很有特点地排列在蜘蛛躯体的两旁，就像螃蟹腿一样。这样的排列能够让弓足梢蛛在任何条件下，向任何方向爬行，使其更容易逃离危险环境。

由于自身体色变得与所处环境的颜色非常接近，弓足梢蛛真的很难被人们发现

埋伏狩猎

弓足梢蛛是非常危险的捕食者，擅长捕捉前来造访花朵的昆虫们。它们的猎物可能是小型的蝇类或者鳞翅目昆虫，也可以是对蜘蛛来说更有威胁的蜜蜂或是大蜂。对于弓足梢蛛来说，它们的猎物体型是否远远大于自己的体型，或者来者是否拥有危险的螯针或刺武装自己，这些都没有什么差别。弓足梢蛛会趁猎物不注意，偷偷地、缓慢地爬向前来吸食花蜜和果浆的昆虫。当猎物距离它们足够近时，它们会伸出前腿抓住猎物，然后将其咬伤并用毒液杀死猎物。弓足梢蛛的毒液对于昆虫来说是致命的，但是对于人类来说却是没有危害的。猎物在被抓住和咬伤之后会马上被蜘蛛吸食。

斑马蛛

学名： *Salticus scenicus*
体长： 5~7毫米
栖息地： 日照充足的树干中，栅栏上，大块岩石上或是建筑物的墙上
出没时间： 多见于夏、秋两季

斑马蛛
——不可比拟的跳跃者

斑马蜘蛛是最有趣的蜘蛛之一。它们不止因为自己奇特的外表，更因为有趣的习性而与众不同。这种并不为自己编织蛛网的蜘蛛也埋伏狩猎，而且就像最杰出的“蜘蛛猎人”，能够跳跃得格外远。

温暖爱好者

斑马蛛的生命需要温暖，所以它们最喜欢待在松树林中，或者栖居在人类的栖息地附近。此外，在日照充足的建筑物墙上晒太阳也是它们的最爱。

斑马蛛是体型非常小的蜘蛛

蜘蛛中的斑马

如果将斑马蛛与其他蜘蛛进行比较，你能够看出很明显的差别，斑马蛛看起来要比其他蜘蛛（例如金蛛科蜘蛛）友好得多，即使是见到蜘蛛会感到强烈恐惧的人也会喜欢它们。斑马蛛，又被叫作豪赌斑马，它并没有庞大的体型，体长只有半厘米，但它们的身躯构造结实，表面覆盖有黑白相间的横条纹，由此得名斑马。它们的前腿非常短小但强有力，因此这种小小的蜘蛛能够完成超远距离的跳跃，有时甚至能够跳20厘米远。

眼睛像反射镜

对于捕猎的地点，斑马蜘蛛喜欢选择日照充足的地方，其眼睛的独特构造对其捕猎帮助非常大。它们的眼睛位于头胸部前段还有两侧，中间的一对眼睛总是最大的。这样，斑马蜘蛛才可能观察到整个周围环境，因此它们能够发现2.5米范围内的潜在猎物。

由于巨大的眼睛，斑马蜘蛛能够很好地观察环境

凶猛的攻击

斑马蜘蛛是非常危险的捕食者，经常捕猎体型比自己大的昆虫。它们主要的猎物是蝇类和蚂蚁。当蜘蛛注意到猎物时，例如一只苍蝇，它不会垂下眼睛而是盯着猎物，同时先缓慢地、悄悄地接近猎物。当蜘蛛位于距离猎物足够近的距离时，它会突然跳跃到猎物的身上。被蜘蛛上颚触角紧紧抓住的苍蝇，即使它比蜘蛛体型大、更重，也没有办法让自己逃过这"死亡亲吻"了。

斑马蜘蛛和它的猎物

有保障的跳跃

斑马蜘蛛的捕猎并不一定都是成功的。在捕猎过程中有可能发生这样的情况，即蜘蛛错误地估测了自己与猎物之间的距离，从而不能正中目标。为了预防这种意外的出现，蜘蛛在进行跳跃之前会用一根起保障作用的蛛丝固定在某一支撑点上。这样一来，在失败的跳跃之后，蜘蛛总是能够安全地回到原来的地方再重新开始捕猎。

图书在版编目（CIP）数据

虫子大百科 /（波）亚瑟·萨维兹基著；赵祯等译
. -- 成都：四川科学技术出版社，2020.10
（自然观察探索百科系列丛书 / 米琳主编）
ISBN 978-7-5364-9962-1

Ⅰ. ①虫… Ⅱ. ①亚… ②赵… Ⅲ. ①昆虫 - 儿童读物 Ⅳ. ① Q96-49

中国版本图书馆 CIP 数据核字 (2020) 第 202667 号

自然观察探索百科系列丛书
虫子大百科
ZIRAN GUANCHA TANSUO BAIKE XILIE CONGSHU
CHONGZI DA BAIKE

著　　者　[波] 亚瑟·萨维兹基
译　　者　赵　祯　袁卿子　许湘健
　　　　　张　蜜　白锌铜　吕淑涵

出 品 人　程佳月
责任编辑　肖　伊　胡小华
助理编辑　陈　婷
特约编辑　米　琳　郭　燕
装帧设计　刘　朋　程　志
责任出版　欧晓春
出版发行　四川科学技术出版社
　　　　　成都市槐树街 2 号 邮政编码：610031
　　　　　官方微博：http://weibo.com/sckjcbs
　　　　　官方微信公众号：sckjcbs
　　　　　传真：028-87734035
成品尺寸　230mm × 260mm
印　　张　7.25
字　　数　145 千
印　　刷　北京东方宝隆印刷有限公司
版次 / 印次　2021 年 1 月第 1 版 / 2021 年 1 月第 1 次印刷
定　　价　78.00 元

ISBN 978-7-5364-9962-1

本社发行部邮购组地址：四川省成都市槐树街 2 号
电话：028-87734035　邮政编码：610031